Scratch 趣味编程

陪孩子像搭积木一样学编程

吴心锋　吴心松　李佩佩　编著

U0350185

机械工业出版社

China Machine Press

图书在版编目（CIP）数据

Scratch 趣味编程：陪孩子像搭积木一样学编程 / 吴心锋，吴心松，李佩佩编著. —北京：机械工业出版社，2019.1

ISBN 978-7-111-61836-2

Ⅰ．S… Ⅱ．①吴… ②吴… ③李… Ⅲ．程序设计－青少年读物 Ⅳ．TP311.1-49

中国版本图书馆 CIP 数据核字（2019）第 011485 号

Scratch 趣味编程：陪孩子像搭积木一样学编程

出版发行：机械工业出版社（北京市西城区百万庄大街 22 号　邮政编码：100037）

责任编辑：欧振旭　李华君　　　　　　　　　责任校对：姚志娟

印　　刷：中国电影出版社印刷厂　　　　　　版　　次：2019 年 3 月第 1 版第 1 次印刷

开　　本：186mm×240mm　1/16　　　　　　印　　张：11.25

书　　号：ISBN 978-7-111-61836-2　　　　　 定　　价：59.00 元

凡购本书，如有缺页、倒页、脱页，由本社发行部调换

客服热线：（010）88379426　88361066　　　　投稿热线：（010）88379604

购书热线：（010）68326294　88379649　68995259　　读者信箱：hzit@hzbook.com

近几年，人工智能、App、云端、大数据、物联网等相关行业发展迅猛，科技已经无处不在。但很显然，编程人才的培育跟不上科技的发展。在比尔·盖茨和扎克伯格等科技界巨星的呼吁下，"全民编程"成为了时下西方世界最为流行的口号之一。包括美国前总统奥巴马、英国前首相卡梅隆、新加坡总理李显龙等各国政要，纷纷呼吁全国上下都应该学习编程。如今，国外的孩子学习编程甚至比政治、历史、地理、物理、化学、生物还要早。在英国，5 岁以上的孩子就必须开始学习儿童编程。一些发达国家也早已将编程纳入到了教育体系中。

在我国，自 2017 年国务院印发《新一代人工智能发展规划》，明确指出在中小学阶段设置人工智能相关课程后，编程教育走进了更多人的视野。编程教育已经越来越受到国内家长的重视，大家充满热情地一头扎进少儿编程领域，希望给孩子选择一条最合适的学习之路。然而，面对五花八门的编程语言，如 Scratch、Swift、Haskell、Python、JavaScript、C++ 和 PHP 等，家长们却发了愁。

为什么 Scratch 在众多的少儿编程语言中横空出世，跃升为佼佼者？

Scratch 是一种编程语言，也是一个在线社群，由麻省理工学院媒体实验室的终身幼儿园组设计和维护。孩子们在这里可与世界各地的人们交流各种互动媒体，如故事、游戏和动画。孩子们学习 Scratch 的同时，也间接培养了他们的逻辑推理、创意思考和协同合作的能力。

Scratch 特别为 8~16 岁的孩子而设计。但几乎所有年龄段的人，不管是孩子还是父母，都在使用它。不同地方上百万人都在制作自己的 Scratch 项目，包括家庭、学校、博物馆、图书馆和社区中心。

Scratch 如此受欢迎，而市面上有关 Scratch 的书籍却甚是驳杂，大多都是凌乱地介绍几个例子就完事了。很难想象，一个刚开始尝试学习编程的小朋友

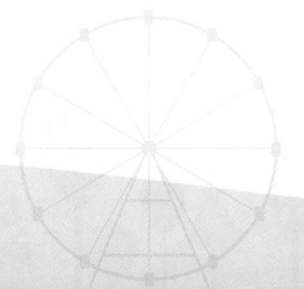

或小学生该如何阅读这样的书？恐怕读完依然是一头雾水，学习信心反而备受打击。

基于这样的一个现状，我们想做出一些改变，于是便有了这本书。本书是一本专注于 Scratch 编程教育的书，理论与实践完美结合，全面涵盖了 Scratch 编程所必须要掌握的众多知识点和各种积木的用法，告诉孩子们 Scratch 中的每种积木是干什么用的，如何用它们解决编程问题。本书以培养孩子们的计算思维为初衷，深入浅出地说底层知识，由表及里地话编程实践。本书立足基础，力求不落入俗套，避免好高骛远的所谓创新，力求让小朋友们能够在家长或者老师的带领下，系统地掌握 Scratch 中每种积木的使用方法，从而提升他们的思维能力和动手编程能力。

本书特色

- 图解教学，饶有趣味：本书使用图解教学的方式讲解各个知识点和示例，手把手带领孩子们像搭积木一样学习编程，这使得整个学习过程非常有趣，可以让孩子们喜欢上 Scratch 编程。

- 通俗易懂，寓教于乐：笔者根据多年的教学经验积累，用通俗易懂的语言和生活中常见的场景去解释 Scratch 编程中的专业知识，用孩子们喜闻乐见的示例锻炼他们的编程能力。

- 示例丰富，动手实践：本书将 Scratch 中的积木用法完全融入到示例中讲解，尤其在第 4~12 章中都提供了编程挑战题供孩子们动手实践和提高。

- 适用广泛：本书既适合孩子们阅读，也适合广大家长指导孩子们学习 Scratch 编程，还可以作为中小学信息技术课程的教学参考书；甚至每个 Scratch 编程爱好者都可以把本书放在枕头边，随时查阅。

本书内容

第 1 章初识 Scratch，讲述了 Scratch 的历史和特性，重点讨论了 Scratch 编程的基本流程，并对本书的组织结构做了简单介绍。

第 2 章 Scratch 入门，以示例的方式讲解了 Scratch 编程的基本概念和操作，并穿插讨论了程序的运行机制、编程习惯及编程技巧。

第 3 章脚本概述，阐述了脚本的基本概念和使用方法，并详细介绍了脚本的结构和功能，最后对脚本的分类和片断做了必要介绍。

第 4~13 章详细介绍了 Scratch 编程的几大类积木。这部分的每一章都先从每个积木的基本概念入手，探讨如何在实践中使用它们，然后以编程挑战的形式进行巩固和提高，从而达到学以致用的效果。

配书资源及获取方式

本书提供以下超值配套资源：

- 实例脚本文件；
- 案例制作视频；

- 案例运行效果视频；
- 教学 PPT。

这些配书资源需要读者下载。请在华章公司的网站（www.hzbook.com）上搜索到本书，然后单击"资料下载"按钮进入本书页面，然后单击页面上的"配书资源"链接即可下载这些资料。

本书读者对象

- 学习 Scratch 编程的小朋友；
- 学习 Scratch 编程的中小学生；
- 广大 Scratch 编程爱好者；
- 需要指导孩子学习 Scratch 编程的家长；
- 从事信息技术教学的老师；
- 儿童编程教学培训机构的师生。

阅读建议

本书既可以作为青少年 Scratch 编程的入门图书，也可以作为其他 Scratch 编程爱好者的参考手册。书中每章内容的耦合性并不是很高，你可以选择顺次阅读每一章内容，但如果对某一章感兴趣，完全可以先阅读该章。

读者服务

购买本书的读者可以加入我们的儿童编程 QQ 群 486559380，笔者会和大家一起交流儿童趣味编程的相关内容，也会在群中回复读者阅读本书时遇到的一些疑问。另外，读者也可以通过 hzbook2017@163.com 和我们取得联系。

吴心锋

C o n t e n t s

目录

初识 Scratch

欢迎来到 Scratch 的世界！Scratch 是一款面向少年儿童的简易编程工具，几乎所有的孩子们都会一下子就喜欢上这个软件并建立起做程序的欲望。本章将为读者学习这一强大而流行的语言打好基础。

我们先来了解 Scratch 语言的起源和一些特性，然后创建自己的第一个 Scratch 程序，最后探讨一些编程的基本原则。

1.1　Scratch 的故事

Scratch 诞生于 2008 年，是麻省理工学院（MIT）媒体实验室终生幼儿园小组开发的一个免费项目，历经了 1.0、1.4 然后到了 2.0 版本。

Scratch 软件是用 Smalltalk 程序语言开发的。作为 OLPC（One Laptop per Child，每个孩子都有一台电脑）项目的一部分，Smalltalk 提出了一个语言学习顺序的建议，其中的每种语言都被设计成下一种语言的入门和基础。这个顺序是：Scratch → Etoys → Squeak → Smalltalk。在学习的过程中，每一种语言都提供了图形化的编程环境，不仅用于教会孩子们一些编程的概念，而且包含物理和数学知识的模拟及讲述故事的一些练习。

1.2　Scratch 的四大特性

在过去的 10 年里，Scratch 已经成为年轻人中最重要、最流行的编程语言之一。不仅是中小学，就连大学、美国宇航局（NASA）都把 Scratch 搬进了课堂，当作学习编程的最佳工具。Scratch 作为人工智能学习、创客教育开展的重要工具，得到了全世界的教育工作者、中小学生和家长们的一致认同。

它的成长既离不开麻省理工学院媒体实验室的终身幼儿园组设计和维护，也归功于使用过的人对它很满意。在学习 Scratch 的过程中，会发现它的许多优点。下面，我们来看看其中较为突出的几点。

1.2.1 低门槛、高上限

图形可视化编程，界面生动有趣，无关原有编程基础，适合中小学学生初次学习编程语言时使用。用户可以不认识英文单词，也可以不会使用键盘。构成程序的命令和参数通过各种积木来实现，用鼠标拖动积木到脚本编辑区就可以了。

Scratch 特别为 8~16 岁的孩子设计，但这并不妨碍使用者建立高度复杂的项目，几乎所有年龄的人都在使用它。不同地方上百万人都在制作自己的 Scratch 项目，包括家庭、学校、博物馆、图书馆和社区中心。

1.2.2 程序更易修改

MIT 媒体实验室下的终身幼儿园团队发现，在孩子们搭建积木的过程中，他们会积极地动手尝试，并在搭建过程中自发地改进和创造。

用 Scratch 编程时，用户只要一触发积木的运行，就能在左边的可视化窗口观察到运行结果，并可在运行过程中修改代码，观察修改代码后对应的触发结果。

这种学习模式与一般编程学习工具倡导的"自上而下的规划"相反，被称为"自下而上的修补"，这样的模式可能会让学习过程有些杂乱无章，但用户根据动画运行结果来不断修改代码，这种探索实验式的学习途径其实是让学习者感到更舒适的。Scratch 多次更新的过程中，也强调了通过这种模式培养孩子们的"直觉思维"能力。

1.2.3 项目更有意义

Scratch 在开发之初关注两点：多样性和个性化。

多样性是指 Scratch 支持用户创建各类项目，不管是故事、游戏、动画，用户都可以根据自己的需求和兴趣在 Scratch 上完成相应类型的项目。

个性化是指支持用户在 Scratch 中导入图片或音乐等功能，这也是 Scratch 至今仍坚持采用有些过时的二维位图技术的原因。因为只有在这样简洁单一的环境下，用户的各式各样的素材才能被充分地得到支持，项目才会充满创造的无限可能性。

1.2.4 社交化更浓厚

Scratch 这个名字的灵感来源于 DJ 打碟时 scratching 的技巧，即"混合不同的声音"。因此，Scratch 一个相当重要的概念便是 remix，即"重新混合"。这不仅指 Scratch 希望用户通过组合代码积木、图片、音乐、照片等元素做出有创意的项目，更是指 Scratch 鼓励大家在社区中互相学习，并通过互相修改、优化对方的代码来改进项目。

自 Scratch 推出 2.0 版本后，Scratch 从一门编程语言转变成了一个语言与社区并重的产品。

Scratch 社区已是 Scratch 不可分割的一部分，其活跃的社区氛围也是 Scratch 达到如此大影响力的主要原因。

1.3　我的第一个 Scratch 程序

到目前为止，本章集中介绍了 Scratch 的起源和特性，但更重要的是如何创建自己的第一个 Scratch 项目。接下来本节将带领读者进入 Scratch 的世界。

1.3.1　注册与登录

Scratch 提供在线编辑器和离线编辑器，这两种编辑器都是免费的。离线编辑器的下载与安装可参考官网相关页面（https://scratch.mit.edu/download），这里不再赘述。

使用在线编辑器之前，需要在其官网注册并登录。以下是注册与登录的具体步骤。

① 打开浏览器，在地址栏输入网址 https://scratch.mit.edu/，按键盘上的 Enter（回车）键。

② 此时打开了 Scratch 官网，单击右上侧的"加入 Scratch 社区"链接，如图 1.1 所示。

图 1.1　加入 Scratch 社区

> 注意：Scratch 官网默认是英文版的，我们只需要在网站底部选择"简体中文"，就可以变成中文版的了。

③ 输入用户名和密码进行注册，如图 1.2 所示。

图 1.2　输入用户名及密码

3

④ 注册成功后，单击右上角的"登录"按钮，显示的界面如图 1.3 所示。

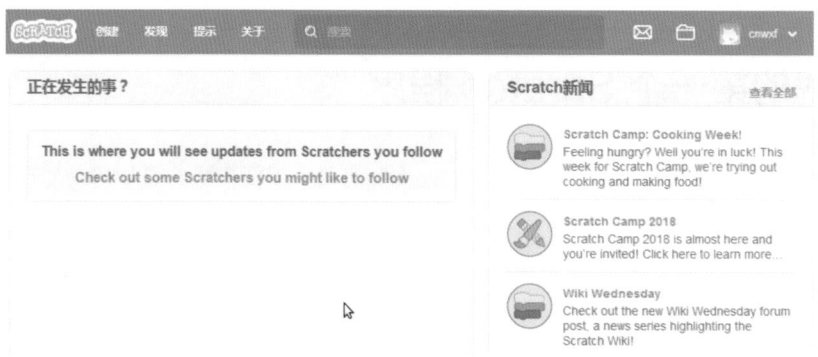

图 1.3　登录成功后的界面

1.3.2　新建项目

登录成功后，直接单击"创建"按钮即可创建新的项目，如图 1.4 所示。

图 1.4　创建新项目

1.3.3　编辑项目

在创建的第一个项目中，软件默认有一个"小猫"。我们和小猫打声招呼吧，给小猫添加如图 1.5 所示的脚本即可。

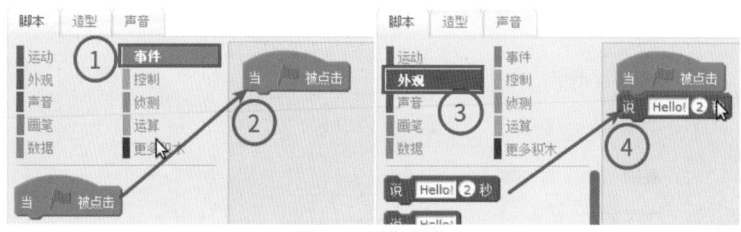

图 1.5　添加脚本

具体步骤如下：

① 单击"事件"脚本。

② 将 [当 被点击] 拖到脚本编辑区。

③ 单击"外观"脚本。

④ 将 [说 Hello! 2 秒] 拖到 [当 被点击] 下方，并让它们吸附到一起。

1.3.4 运行程序

单击 ▶ 按钮运行程序,看看效果吧,如图 1.6 所示。

图 1.6 运行效果

1.3.5 保存项目

"边编辑,边保存"是一个良好的编程习惯。依次选择菜单中的"文件"|"立即保存"命令,即可完成保存,如图 1.7所示。

此时,一个项目在 Scratch 2.0 版本的编辑器中被保存,它的文件后缀名是".sb2"。也就意味着这个文件只能由Scratch 2.0 或以上版本打开,其他版本是不行的。

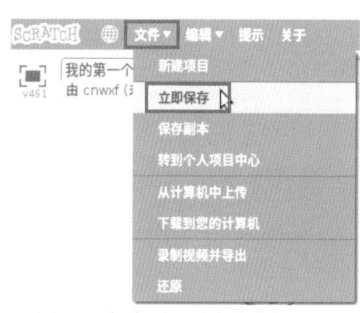

图 1.7 保存项目(在线编辑器)

> **注意:** Scratch 在线编辑器有"自动保存"的功能,但离线编辑器不具有这个功能,需要我们手动保存项目,详见第 2 章。

1.4 使用 Scratch 编程的基本流程

编程是一件很有趣的事情。初次接触编程,你可能不知所措,别担心,这并不复杂。首先,为了让读者对编程有大概的了解,可以把编写 Scratch 程序的过程分成 7 个步骤,如图 1.8 所示。注意,这是理想状态。在实际使用过程中,尤其在复杂的项目中,可能要做一些重复往返的工作,根据下一个步骤的情况调整或改进上一个步骤。

图 1.8 Scratch 编程的基本流程

1.4.1　定目标

在动手制作之前，要胸有成竹。脑海中的思路要清晰，你需要程序干什么，首先自己要有明确的目标。要在脑中有清晰的思路，思考你的程序需要哪些信息，要进行哪些计算和控制，以及程序应该要报告什么信息。在这一步骤中，不涉及具体的编程语言，应该是一般术语来描述问题。

1.4.2　设计

明确了程序将要完成什么任务，就应该思考如何用 Sratch 来实现它。比如，需要什么样的舞台背景？有哪些角色？角色需要多少个造型？如何组织程序？完成这个程序需要多长时间？等等。

1.4.3　制作

设计好程序之后，就可以动手制作了，一般是先把需要的角色和背景准备好，再用 Scratch 编写程序。这一步是真正用到 Scratch 提供的脚本命令的地方。在这一步中，应该给自己的程序添加注释说明。第 2 章将详细介绍如何在脚本中添加注释。

1.4.4　运行

运行用 Scratch 编写的程序很简单，只需要单击舞台右上角的"绿旗"按钮▶。●按钮是用来停止程序的，如图 1.9 所示。

图 1.9　程序运行控制

1.4.5　调试

运行程序时，可能会发现程序有错误，计算机行业中管这些错误叫 bug。所以，可以检查程序是否按照设计的思路运行。查找并修复程序 bug 的过程叫调试。

俗话说"吃一堑长一智"，学习总是在不断犯错中进步，编程亦是如此。因此，你要做好犯错的心理准备，也不要因犯错而丧失信心。随着你学的知识越多，你会越来越"老练"，所编写的程序中的错误也会越来越少，越来越不易察觉。

1.4.6　维护

创建完程序后，你可能会发现 bug，或者你想到了一个更好的解决方案，或者想添加一个新的功能等，这时就需要修改程序。

1.4.7　分享

Scratch 是一种编程语言，也是一个在线社群。可以将做好的项目分享到在线社群。在这里可与世界各地的人们交流各种互动媒体，如故事、游戏、动画。学习 Scratch 的同时，也间接培养了逻辑推理、创意思考、协同合作的能力。

1.4.8 说明

编程并非像描述那样是一个线性的过程，经常要在不同的步骤之间往复。例如，等程序运行后，想改变原来的设计思路，在编写脚本时发现之前的设计不切实际，或者想到了一个更好的解决方案。对程序做文字注释为以后的修改提供了方便。

初学者往往忽略第 1 步和第 2 步（定目标和设计），直接跳到第 3 步（制作）。刚开始学习时，编写的程序非常简单，完全可以在脑海中构思好整个过程。即使写错了，也很容易发现。但是，随着编写的程序越来越大，越来越复杂，动脑不动手可不行，而且程序中隐藏的错误也越来越难发现。最终，那些跳过前两步的人往往浪费了更多时间，因为他们写出的程序难看，缺乏条理，让人难以理解。要编写的程序越复杂，事先定义和设计程序环节的工作量就越大。

磨刀不误砍柴工，应该养成先规划再动手的好习惯。用纸和笔记录下编写程序的目标和设计框架，这样在编写程序时会更加条理清晰、得心应手。

1.5 本书的组织结构

本书在前两章采用了螺旋式的编排方式，即下一个知识点的学习是以前面所学知识为基础而进行，这样可以让读者更好地吸收知识。在前几章中介绍一些主题，在后面章节再详细讨论相关内容。例如，为了让读者对 Scratch 编程流程有一个感性认识，在第 1.3 节中安排读者创建自己的第一个 Scratch 项目。在第 1.4 节中则详细讲述 Scratch 编程的基本流程，从而让读者了解编程的真实面目，做到胸有成竹。第 2 章则是安排读者学习一个示例并改编它，引领读者亲身参与，步步深入。这样，读者在完全弄懂这些内容之前，就可以把这些编程习惯和知识运用到自己的项目中。

从第 3 章开始采用了主题式的内容编排方式，即逐一介绍 Scratch 编程中有关脚本、事件、控制、数据、运算、侦测、运动、外观、声音和画笔等各个主题的所有内容，这有利于读者逐个击破 Scratch 编程中的重点和难点内容。

1.6 本章小结

Scratch 是当前儿童和青少年编程的首选语言。它不仅是一个编程工具，还是全世界 Scratchers 交流和分享的社区。

遵守良好的编程流程，不仅能提高编程的效率，还能使我们的思路更加清晰，程序更加流畅。

用 Scratch 编程可能是你遇到过最有趣的事情之一，希望你在愉快的学习过程中成为一名 Scratcher，并爱上它。

Scratch 入门

本章将介绍以下内容：

Scratch 程序长什么样子？

浏览本书，能看到很多好玩的示例。初见 Scratch，你会被它缤纷的色彩、奇形怪状的积木脚本和各种可爱有趣的角色所吸引。Scratch 的魅力不仅"长得好看"，还是创作的好帮手。在学习过程中，你对这些脚本会越来越熟悉，甚至会喜欢上它们。这一章，我们将从一个简单的 Scratch 程序示例开始，演示它的基本操作，揭示它是干什么的，同时介绍 Scratch 的一些核心概念。让我们一起走进 Scratch 乐园，开始奇幻的 Scratch 之旅吧！

2.1　简单的 Scratch 示例

先来打开配书资源中的"程序 2.1.sb2"程序，观察程序界面，如图 2.1 所示。该程序涉及 Scratch 编程的一些基本特性。

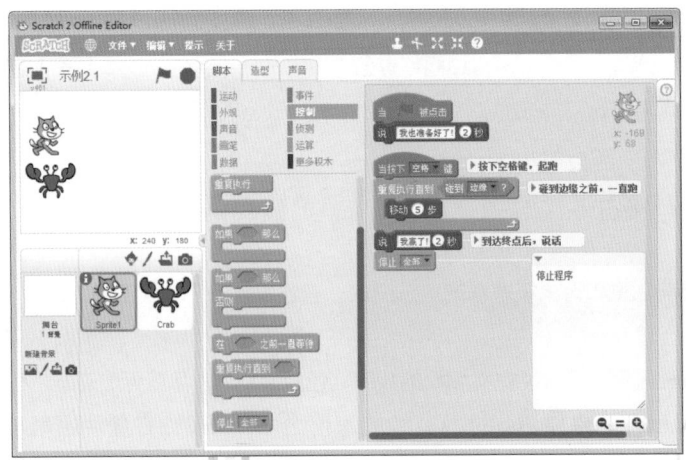

图 2.1　程序 2.1 界面

请仔细阅读小猫和螃蟹的脚本，如图 2.2 和图 2.3 所示。看看自己能不能明白程序的用途，再认真阅读后面的解释。

图 2.2　小猫脚本

图 2.3　螃蟹脚本

如果你认为它是一个让小猫和螃蟹赛跑的程序，恭喜你，答对了！为了更直观地看到程序的运行效果，我们需要做一些事情。

2.1.1　运行控制

在 Scratch 中，▶按钮可以启动程序，●按钮是用来停止程序的。它们是控制程序启动和停止的开关。

在示例 2.1 中，单击▶按钮启动程序后，还需要再按 Space（空格）键，让角色（小猫和螃蟹）起跑。

2.1.2　舞台控制

观察动画运行效果时，还可以通过单击"全屏"按钮◨和"还原"按钮┇▪来切换舞台的大小。

"全屏"按钮◨位于舞台左上角，如图 2.4 所示，当其被单击时，舞台就会充满屏幕，即全屏模式。

图 2.4　全屏按钮

"还原"按钮┇▪只有在全屏模式下才会显示，也位于舞台左上角，全屏按钮和还原按钮就如同太阳和月亮一样，不会同时出现在同一位置。

2.2　示例解释

知道了如何控制和停止程序后，你知道角色（小猫和螃蟹）为什么会动吗？Scratch 中的角色本身是不会动的，需要我们人为控制，通过什么控制呢？那就是脚本了。

脚本即是各种指令按照特定顺序的组合，它可以实现特定的功能。在分析示例中的脚本之前，先来大致了解典型的 Scratch 脚本片断，如图 2.5 所示。

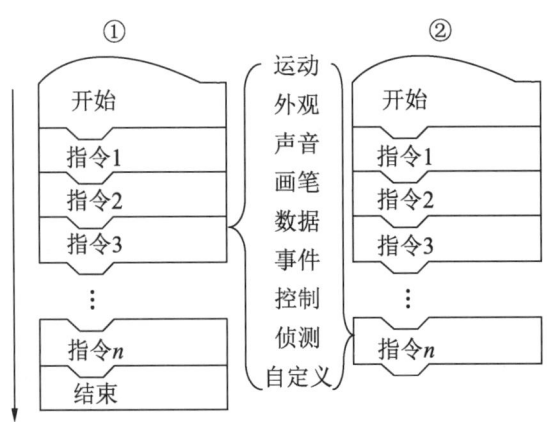

图 2.5　典型的 Scratch 脚本结构类型

通过示例 2.1 程序不难看出，一个 Scratch 程序即由一个或多个脚本片断组成，每个脚本片断都有稳定的结构（类型①或类型②）。

2.2.1　脚本运行机制

脚本运行机制主要涉及两点：事件触发、逐句执行。

1. 事件触发

每个脚本都只有当形似 的事件发生时，才会触发其下面的指令，如图 2.6 所示，当"当▶被单击"事件发生时，就会触发第二句指令，否则第二句指令不执行。

2. 从上往下，逐句执行

每个脚本片断都是由第一句开始的，从上往下，逐句执行。上一句指令没有执行完，它的下一句指令是不会执行的。

以图 2.7 所示的小猫脚本片断为例，当按空格键后，触发了第一句事件，接着开始执行第 2 句指令 。我们能直观地发现舞台上的角色（小猫）一直往前移动，并没有说"我赢了！"，只有它"碰到边缘"这个条件成立时，第 2 句就执行完了。紧接着第 3 句 开始执行，我们会看到舞台上：小猫停止移动，并说"我赢了！"。第三句执行完，最后执行第 4 句 ，我们会看到螃蟹也不动了。

图 2.6　脚本片断

图 2.7　脚本片断

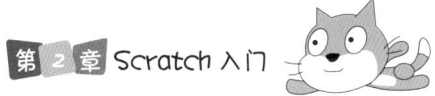

2.2.2 提高程序可读性技巧

程序的可读性，就是要让大家一眼就能理解、明白程序的思路与用意。编写可读性高的程序是良好的编程习惯，还有助于你理清编程思路。

下面介绍两种提高程序可读性的技巧：整理和注释。

1. 整理

当程序功能越复杂，脚本越多时，往往显得比较零乱，这时我们可以对其进行整理。具体操作如下：在脚本编辑区的空白地方右击，弹出快捷菜单，选择"整理"命令，效果如图2.8所示。

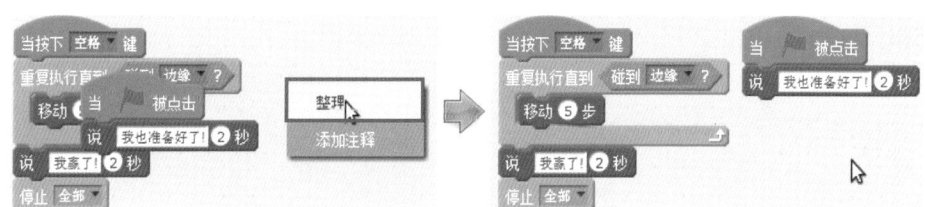

图2.8　脚本整理前后对比

2. 注释

写注释能让他人和自己更容易明白所编写的程序。在Scratch中，有两种注释方式：区域注释和行注释，如图2.9所示。

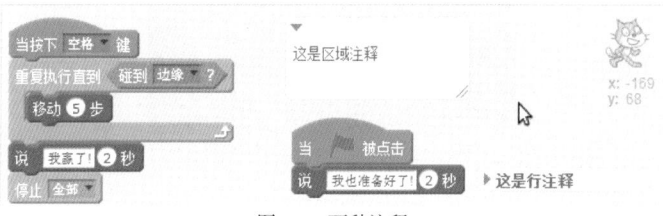

图2.9　两种注释

在空白的脚本编辑区域右击，弹出快捷菜单，选择"添加注释"命令，在注释编辑区输入文字即可，如图2.10所示。

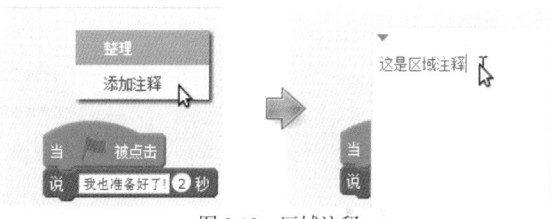

图2.10　区域注释

右击相应的指令，弹出快捷菜单，选择"添加注释"命令，在注释编辑区输入文字即可，如图2.11所示。

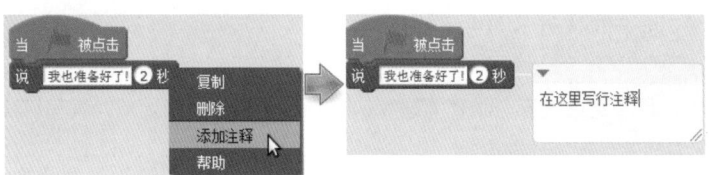

图 2.11　行注释

2.3　改编示例

示例 2.1 程序是一个演示角色（小猫和螃蟹）赛跑的动画，可以让这个动画更加有趣吗？不妨来亲自动手改编吧。

在这一节里，完成以下挑战任务你就过关了，如图 2.12 所示（图 2.12 中的"终点"旗帜将在 2.3.7 节中具体介绍）。

图 2.12　示例 2.1 改编前后对比

动手之前，我们要分析作品，理清思路：先设置好场景（跑道），然后编辑角色（螃蟹、小猫、鸭子），最后编写脚本，完成之后就可以让它们进行比赛了。本例思路如图 2.13 所示。

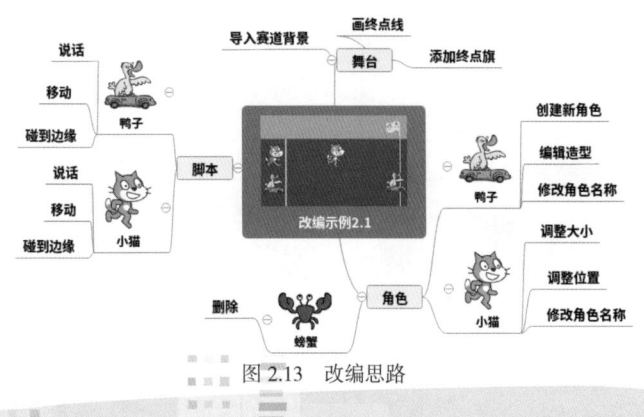

图 2.13　改编思路

2.3.1　新建背景

在 Scratch 中，舞台背景通常是角色身后的图片，用于配合角色表演或烘托环境。背景区和编辑背景的地方长什么样子？如图 2.14 所示。

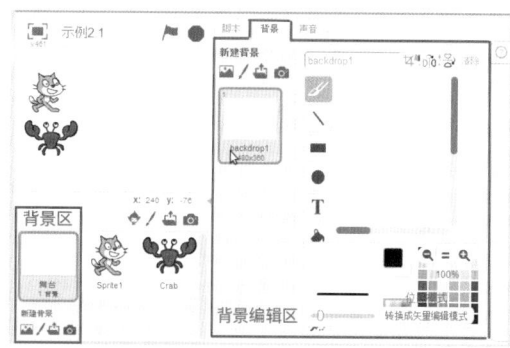

图 2.14　舞台背景界面

有以下 4 种创建新背景的途径。

- ：从背景库中选择背景；
- ／：绘制新背景；
- 📤：从本地文件中上传背景；
- 📷：拍摄照片当作背景。

在此例中，背景库中有"跑道"图片，因此这里选择从背景库中选择背景的方式创建新背景。操作步骤如下：

① 单击"从背景库中选择背景"图标📷。

② 在背景库中选择"户外"分类。

③ 按住鼠标左键，拖动滚动条，寻找跑道图片。

④ 单击选中 track 图片。

⑤ 单击"确定"按钮。

完成以上步骤即可导入相应的背景图片，如图 2.15 所示。

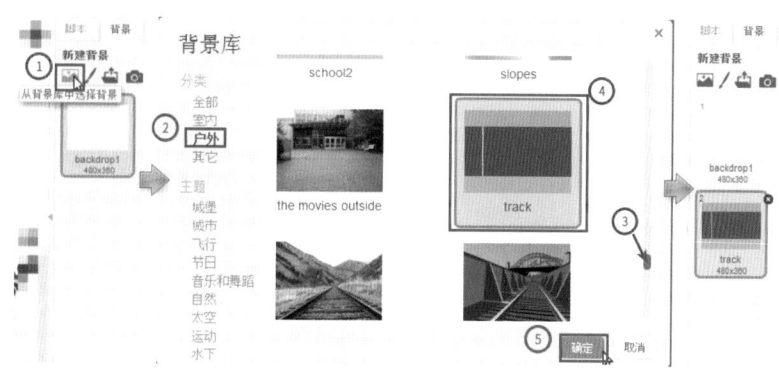

图 2.15　创建新背景

2.3.2　编辑背景

在背景编辑区需要给跑道添加一条终点线，操作步骤如下：

① 单击 track 背景图片。

② 在输入框中删除 track 后输入"跑道"，修改其背景名称。

③ 在工具栏中选择"线段"工具。

④ 在颜料板中拾取橙色。

⑤ 拖动滑块，调整线条粗细。

⑥ 在跑道末端画一条终点线。

这样，跑道背景就基本编辑好了，如图 2.16 所示。

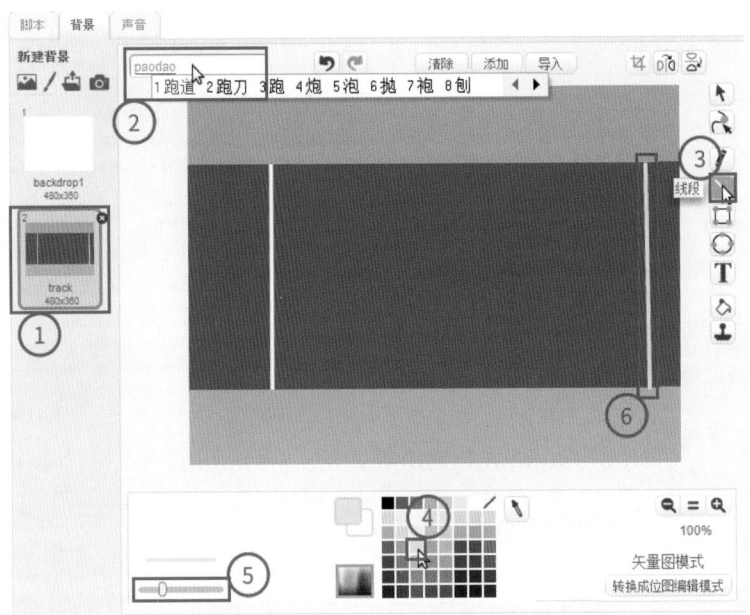

图 2.16　编辑新背景

2.3.3　删除背景

目前为止，舞台背景已经有两个了，分别是 backdrop1 和"跑道"，现在可以删除背景图片 backdrop1。选中 backdrop1 背景图片，单击图标，即可删除，如图 2.17 所示。

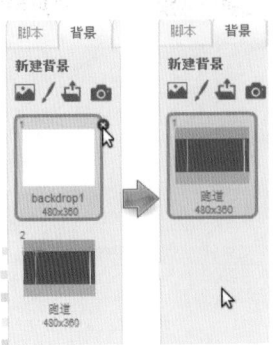

图 2.17　删除背景

2.3.4 删除角色

角色相当于演员；而造型可以理解为演员做的一个个动作。把这一个个动作连贯起来，看上去就是演员在表演了。这也是动画的基本原理。在 Scratch 里，角色和造型都放在什么地方及怎么编辑如图 2.18 所示。

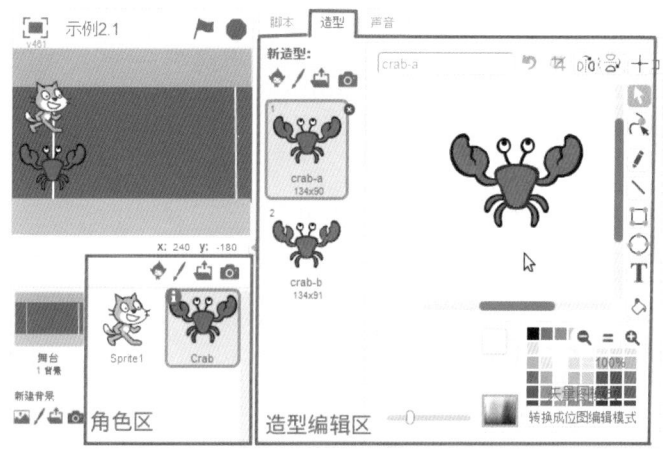

图 2.18　角色区和造型编辑区界面

删除角色需要右击角色，在弹出的快捷菜单中选择"删除"命令即可。图 2.19 中演示了两种删除角色的方法，本质上都一样（删除背景也可以这样操作）。

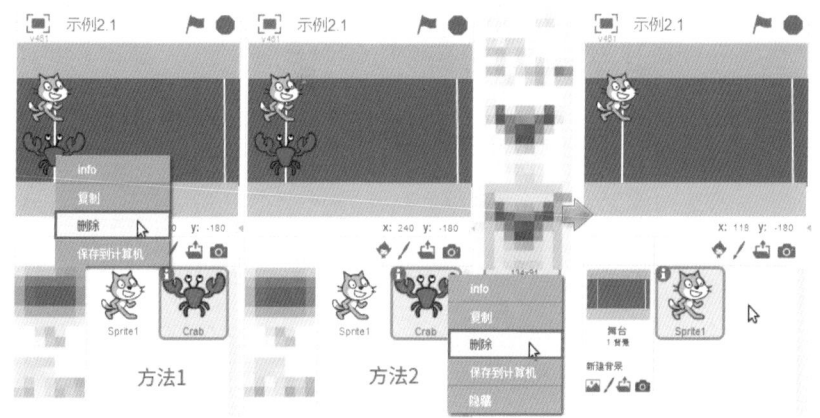

图 2.19　删除角色

2.3.5 新建角色

删除了角色"螃蟹"，接下来新建一个"终点旗帜"角色吧。为什么要把"终点旗帜"当作一个角色，而不把它放在背景图片里？这个问题问得好。编者这么做主要是为了方便考虑，因为在 Scratch 角色

15

库中已有现成的旗帜，而背景库中没有。那么，如何导入"终点旗帜"呢？以下是 4 种导入角色的途径。

- ◆：从角色库中选择角色；
- ✎：绘制新角色；
- ⬆：从本地文件中上传角色；
- ◉：拍摄照片当作角色。

如上所述，这里采用途径 1 从角色库中选择角色导入角色，具体步骤如下：

① 在角色区单击◆图标，从角色库中选择角色。

② 在弹出的角色库窗口中单击"物品"类别。

③ 拖动右侧的滚动条，搜索角色图标。

④ 选中 Green Flag 图标。

⑤ 单击"确定"按钮。

这样，角色就被导入成功了，如图 2.20 所示。参照上述步骤，请自己动手导入一个"鸭子"吧。

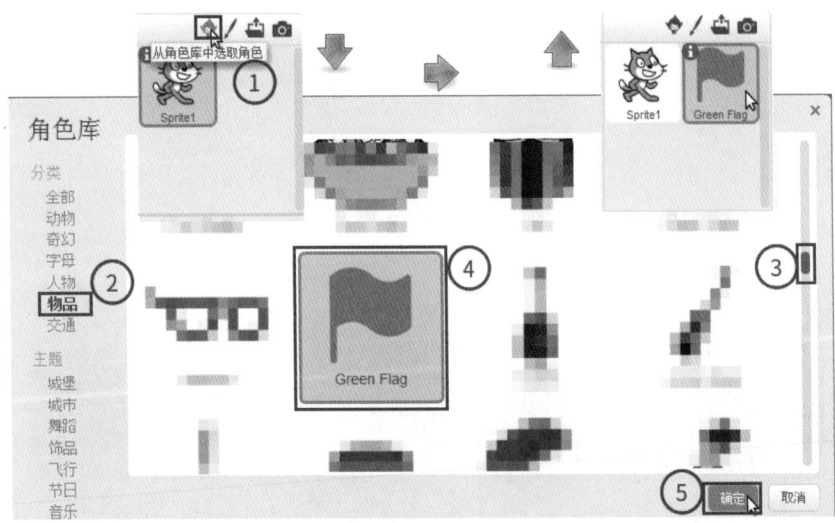

图 2.20　新建角色

2.3.6　编辑角色

接下来需对角色作一些调整。先给角色重命名，接着把它的方向反过来，最后调整大小和位置。
具体步骤如下：

① 单击角色 Green Flag 左上角的🛈图标，打开角色属性面板。

② 把角色的名称改为"终点旗"。

③ 在"旋转模式"一行单击"左右旋转"图标↔，将角色的旋转模式改为"左右旋转"（可选操作）。

④ 在"方向"一栏，拖动图标⤡ 中的指针，将"终点旗"面向左边飘扬（可选操作）。

提示：③④两步操作也可以跳过，在下一节（2.3.7 节）中将会提到。

---

⑤ 单击"返回"按钮◀，如图 2.21 所示。

⑥ 在舞台上用鼠标光标按住"终点旗"，将其拖动到终点线上方的适当位置后松开鼠标。

⑦ 单击"放大"⬚或"缩小"⬚按钮，激活相应工具。

⑧ 光标变成⬚或⬚后，将其移动到角色"终点旗"上，单击数次，调整其至合适大小即可，如图 2.22 所示。

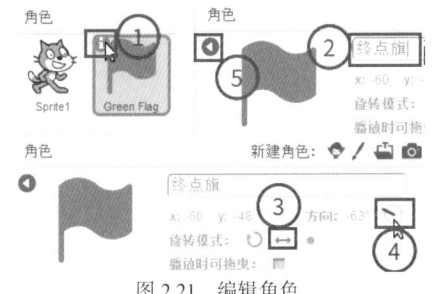

图 2.21　编辑角色

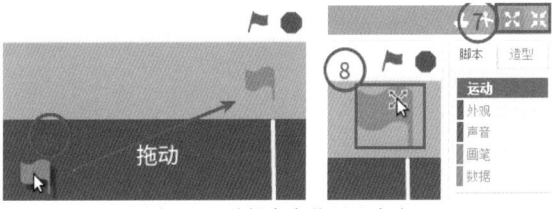

图 2.22　编辑角色位置和大小

完成了"终点旗"角色的编辑，其他角色（小猫和鸭子）的名称、大小位置等也需要重新编辑，请参照上述步骤和方法，自主探索吧，编辑后的效果参考图 2.23。

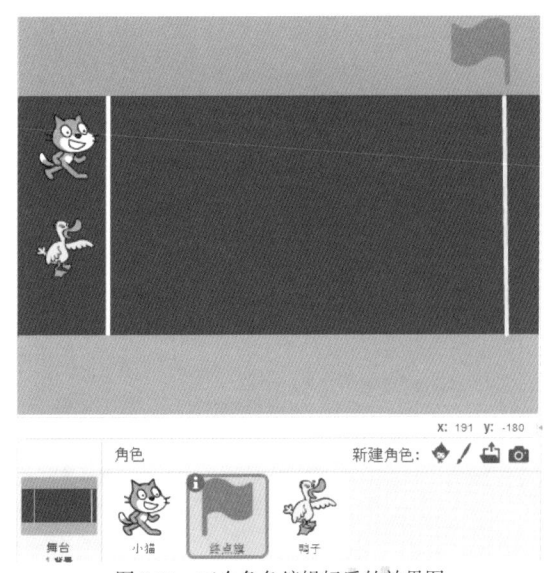

图 2.23　三个角色编辑好后的效果图

2.3.7 编辑造型

一个角色可以有一个或多个造型，原则上每个造型之间要有所不同。如图 2.24 所示，"小猫"角色有两个造型，分别叫 costume1 和 costume2。造型可以使角色更加丰富多彩，为此我们需要学会编辑造型。

1. 终点旗

角色"终点旗"只有一个造型 green flag，把造型换成黄色的（如图 2.25 所示），并写上"终点"两个字（如图 2.26 所示），可以让程序界面更加直观明了。具体步骤如下：

① 选中角色"终点旗"。

② 选择"造型"选项卡。

③ 在"矢量图模式"下单击"为形状填色"按钮 ◇。

④ 选取黄色。

⑤ 将图标 ◇ 移动到造型上，单击以完成填色。

⑥ 单击"左右翻转"按钮 ◁▷，调整旗帜方向（可选操作）。

⑦ 选取红色。

⑧ 通过"缩小""还原""放大"工具 🔍 = 🔍 来调整造型视图大小。

⑨ 单击"铅笔"工具，调整铅笔粗细，并在造型上手写"终点"两个字。

图 2.24　角色与造型关系

图 2.25　改变造型颜色

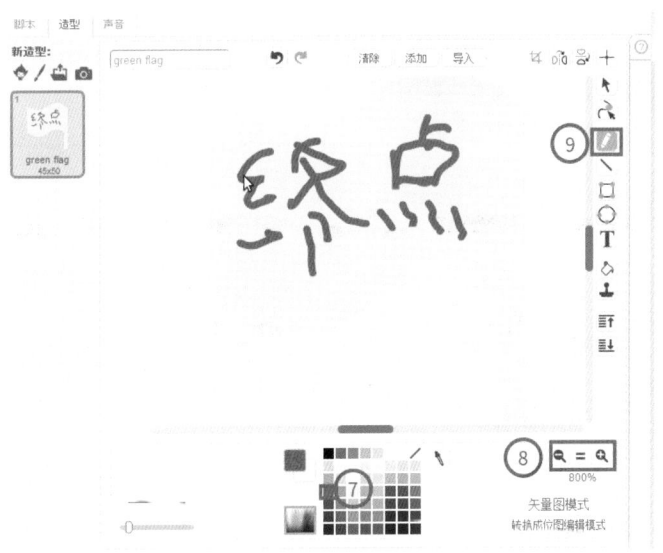

图 2.26 给造型题字

2. 鸭子

先来分析这个角色，它是由两部分组成：鸭子和汽车。鸭子角色之前已经导入进来了，下面只需要导入汽车角色并做适当调整就可以了。具体步骤如下：

① 打开配书资源中的"程序 2.1.sb2"文件，选中角色"鸭子"。

② 切换到"造型"选项卡。

③ 单击 添加 按钮，从造型库中选取造型，如图 2.27 所示。

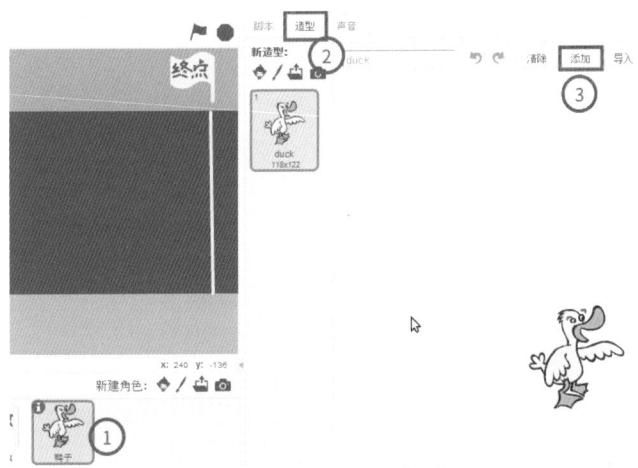

图 2.27 编辑"鸭子"造型

④ 在分类列表下选择"交通"类造型。

19

⑤ 找到 convertible3 造型，单击它表示选中。

⑥ 单击"确定"按钮，完成导入，如图 2.28 所示。

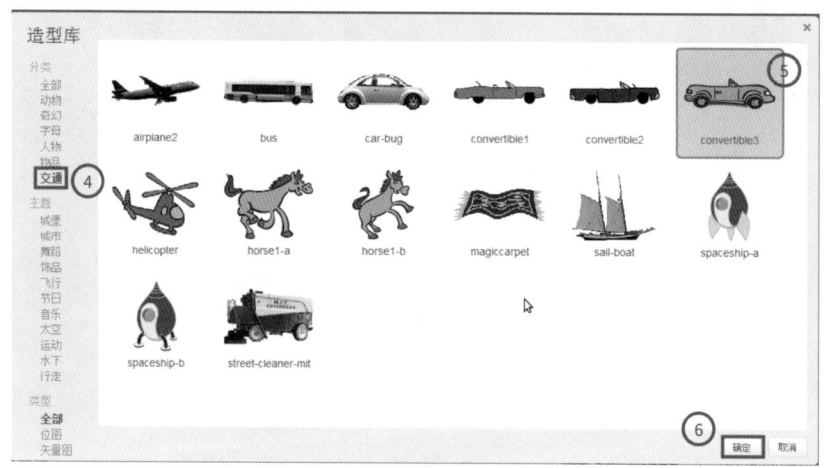

图 2.28　添加新造型

　　⑦ 在造型编辑区选中"汽车"，通过拖曳造型来调整其位置，拖动其周围的 8 个控制点来调整其大小，如图 2.29 所示。

图 2.29　调整造型位置及大小

2.3.8　脚本

至此，舞台场景、角色全部准备就绪了，现在需要给角色编写脚本以控制它们，从而实现预期的效果。

1. 复制脚本

在此示例中，因为"小猫"和"鸭子"角色的行为动作很相似，控制它们的脚本基本相同，所以可以通过"复制"脚本的方式提高效率。具体步骤如下：

① 单击"小猫"角色。

② 选择"脚本"选项卡，进入脚本编辑区。

③ 将光标移动到脚本积木的开始，按住鼠标拖动脚本到"鸭子"角色上后松开即可，如图 2.30 所示。

其他的脚本复制依此类推。

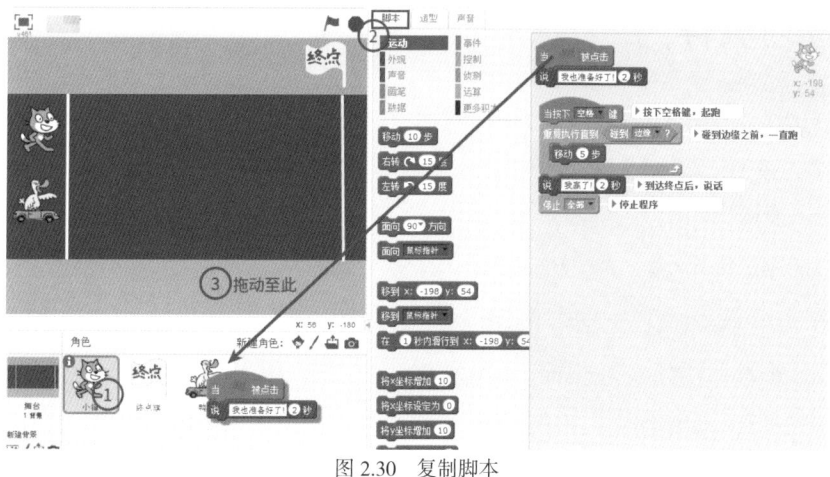

图 2.30　复制脚本

2. 整理脚本

将"小猫"的脚本全部复制给"鸭子"之后会发现，"鸭子"的脚本堆积的比较零乱，需要对"鸭子"的脚本进行整理。具体步骤可参考 2.2.2 节，这里不再赘述。脚本整理前后效果如图 2.31 所示。

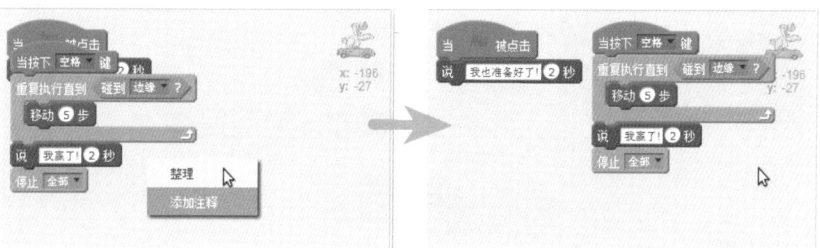

图 2.31　脚本整理前后对比

3. 修改脚本

单击 ▶ 运行程序时小猫会说"我也准备好了！"，也可以让鸭子说点什么，如"我准备好了！"；小猫和鸭子谁跑得快、谁能先到终点是由程序中每次移动的步数决定的。我们可以修改其参数，从而决定谁能赢。具体修改参考图 2.32。

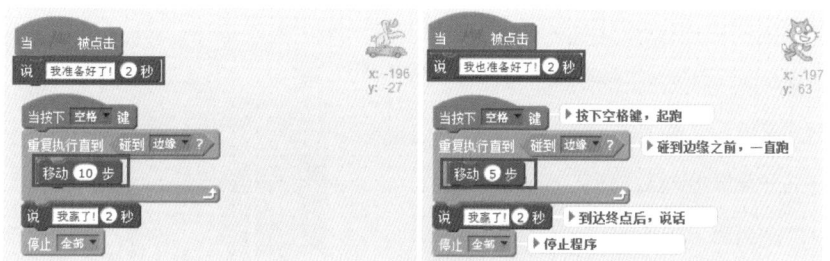

图 2.32　修改脚本

2.4　项目另存为

保存项目的方法在第 1.3.5 节中有过介绍，这里不再赘述。若要将已有的项目文件另存一份，可以参考如下步骤（参考图 2.33）：

① 选择"文件"菜单。

② 在下拉子菜单中选择"另存为"命令。

③ 在弹出的"保存项目"对话框中选择保存路径。

④ 输入文件名，注意文件名后面的".sb2"不能少。

⑤ 单击"保存"按钮。

图 2.33　项目另存为

2.5　分享项目

做好的项目可以分享到 Scratch 网站上，让全世界的 Scratcher 都能看到你的作品。在分享之前，你需要在 Scratch 官方网站上注册一个账号，详见第 1.3.1 节。以下是离线编辑器下分享作品的具体步骤。

① 选择"文件"菜单。

② 在下拉子菜单中选择"分享到网站"命令。

③ 输入项目名称、Scratch 用户名和密码。

④ 单击"确定"按钮，如图 2.34 所示。

图 2.34　分享项目（本地计算机）

⑤ 上传成功后，打开 Scratch 官方网站并登录，单击右上角的用户名，在弹出的下拉菜单中选择"我的东西"。

⑥ 选择"未分享项目"。

⑦ 选择"项目名称"——鸭子和小猫赛跑，如图 2.35 所示。

图 2.35　分享项目（浏览器端 1）

⑧ 根据实际需要填写操作说明、备注与谢志和标签。

⑨ 单击"分享"按钮，如图 2.36 所示。

图 2.36　分享项目（浏览器 2）

23

2.6　本章小结

背景、角色和造型的编辑是 Scratch 编程的基础操作。理解脚本的运行机制对编写良好可靠的程序至关重要。

项目的分享使他人或自己站在巨人的肩膀上成为可能，所以不要吝啬你的分享，加入到 Scratch 社区吧。

舞台、背景、角色和造型是 Scratch 的核心概念，脚本则是它们的灵魂。从第 3 章开始，将重点介绍脚本的方方面面。

脚本概述

在 Scratch 中，控制角色或背景需要用到名为"脚本"的东西。我们来看下面的一个脚本。单击绿旗▶或脚本本身，角色"小猫"就会跟随鼠标指针跑，5 秒后叫一声，如图 3.1 所示。

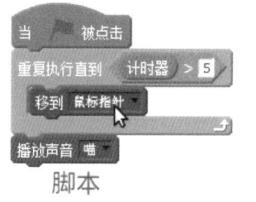

脚本　　　　　　　角色

图 3.1　脚本示例

在 Scratch 中，我们常说的"编程"就是像上面那样，把不同的颜色、形状的积木组合到一起。这些积木和我们玩的积木非常像。积木的顺序是非常重要的，因为这决定了对象（角色或背景）之间相互作用的关系。

如果仔细看积木上的文字，就可以知道每个积木向对象（角色或背景）发出了什么指令。有时，给脚本加注释可以说明某个积木的功能及脚本的目的。这是个很好的编程习惯。

3.1　定义

Scratch 中，脚本即指一个或多个积木的集合。它应该以"鸭舌帽"积木 ⌐‾‾￢ 开始。即使"鸭舌帽"积木下只有一个积木也是可以的，但通常所指的"脚本"是很多个积木的集合。

3.2　使用说明

脚本很容易编写，一些使用"规则"如下：

- 要创建脚本，只须简单地从积木面板中拖出并组装它们。
- 为了组装积木，它们必须被拖动在另一个积木上、下或其内部。（"鸭舌帽"积木除外）
- 要拆开积木，必须把它们拉开。
- 要删除脚本，请将其拖回任何积木面板中，或右击"鸭舌帽"积木并按 Delete 键。
- 要启动一个脚本，只需要单击它。

脚本可以在每个角色或背景的脚本选项卡中编辑。

3.3 结构与功能

每个积木形状被设计成可以实现以下一个或多个功能：

- 启动脚本；
- 添加到脚本的末尾；
- 结束脚本；
- 组装在其他积木内；
- 包含其他积木。

因此，编写脚本的过程就是组装积木的过程，就像搭积木一样，这样的设计可以防止语法错误。

3.4 分类

Scratch 脚本中的所有积木可按照功能和形状两种标准进行划分。

以积木功能为标准可分为运动、外观、声音、画笔、数据、事件、控制、侦测、运算等。每一种类型用不同的颜色进行标识，如图 3.2 所示。

以积木形状为标准可分为 6 种：鸭舌帽形、矩形、六边形、C 形、圆角矩形和太阳帽形，如图 3.3 所示。

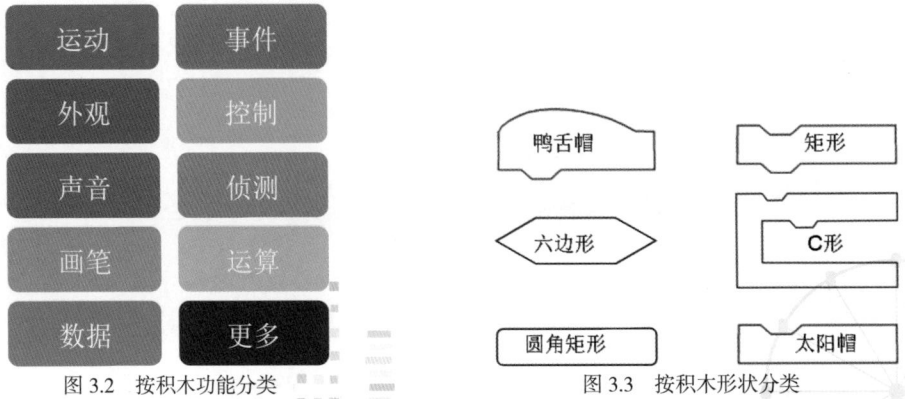

图 3.2 按积木功能分类　　　　图 3.3 按积木形状分类

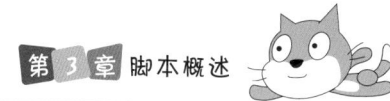

其中，矩形积木亦称为堆栈积木，为了能够连接上下部分，它的形状发生了一些改变：上凹和下凸。

圆角矩形积木亦称为报告积木。一个报告积木包含一个值，这个值可以包含从数字到字符串的任何内容。要快速查看报告积木的值，只需要在编辑器中单击它，气泡就会显示该值。

六边形积木亦称为布尔积木，它本身包含一个条件判断。调用该类积木时，它充当报告积木，报告 true 或 false 字符串值，或者数字 1 和 0，具体取决于它们在脚本中的用法。所以，布尔积木是报告积木的一种特殊形式。

3.5　脚本片断

脚本片段是指一个"不完整"的脚本，因为它缺少一个"鸭舌帽"积木　　　。脚本碎片不会在项目正常执行期间运行，因为没有任何东西触发代码。可以在脚本编辑器中单击它来运行脚本片断。脚本编辑器中的每个积木都是脚本片段。

3.6　本章小结

本章的主题是脚本。Scratch 通过脚本控制背景和角色，从而创作出很多有趣的故事、动画或游戏等。

本章首先介绍了什么是脚本，以及脚本怎么用，接着介绍了脚本的结构和功能，最后介绍了脚本的分类及脚本片断。

第 4 章

事件积木

事件积木是 Scratch 2.0 中的大类积木之一。它是用棕色标识的，通常用来侦测事件，从而触发脚本运行。事件积木是每个 Scratch 项目必不可少的：事件积木中，若没有鸭舌帽积木，一个项目将不可能按照预期运行，除非手动单击所有的脚本让其运行。

到目前为止，在事件积木集中只有 8 个积木：6 个鸭舌帽形积木和 2 个矩形积木。在所有的积木中，事件积木集是包含积木最少的一种，如图 4.1 所示。

图 4.1　事件积木集

4.1　基于事件编程

所谓的"基于事件编程"，即所有脚本的运行都是依赖于"事件"触发，就像广播一样。比如，一个 `当角色被点击时` 事件发生时，即该角色被单击，能触发其下所有脚本。事件也有它自己的属性，称之为"事件属性"。比如，`当角色被点击时` 会有当前角色的大小、位置，以及之前角色的大小和位置等属性。

4.2　历史

在 Scratch 2.0 之前的版本中，如 Scratch 1.4 中，事件积木是放在控制积木分类中的。后来事件积木作为一个独立的分类，从控制积木中被分离出来，取名"触发器"并出现在早期的 Scratch 2.0 版本中。但是在 2012 年的 Scratch Day 活动日，事件积木又被改名为事件，并沿用至今。

早先的事件积木包括侦测积木，而其中的侦测积木与广播积木很相似，不免让人困惑，所以那些侦测积木就从事件积木分类中移出了，事件积木就成了现在这样了。

Scratch 2.0 包含如图 4.2 所示的 6 个鸭舌帽形的事件积木。

如图 4.3 是 2 个矩形的事件积木。

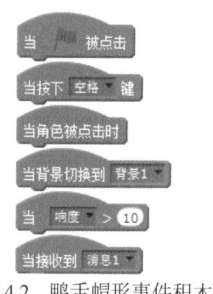

图 4.2　鸭舌帽形事件积木

图 4.3　矩形事件积木

4.3　鸭舌帽形事件积木

4.3.1　当绿旗被单击

积木在功能上属于事件积木，从形状上划分是鸭舌帽形积木。当绿色被单击时，头顶此积木的所有脚本都会被激活。

如果没有这个积木，启动一个程序就只能通过按某个键或单击某个角色来实现。整个项目只有在所有头顶此积木的脚本执行完才结束。可见，此积木在 Scratch 中是最常被用到的。

理论上，一个 Scratch 项目脚本中完全可以没有这个积木，但是通常不建议你这样做：绿旗标志着启动项目，所以当项目一启动时，这个积木就能被侦测到。

用例脚本

当一个项目启动时，很多的事情将会同时发生，只要它们头顶此积木。下面列举一些该积木的常用示例，脚本如下：

- 启动一个项目；
- 清空一个列表；

- 重置变量；

- 设置角色的隐藏或显示，以及它们的造型；

- 擦除所有笔迹；

■ 播放音乐；

■ 开始克隆。

> **注意**：多个以此积木触发的脚本（头顶此积木），在同一个项目中是没问题的，它们之间可以共存。

4.3.2 当按下空格键

这个 当按下 空格 键 积木在功能上属于事件积木，从形状上划分是鸭舌帽形积木。当指定的键被按下时，放置在该积木下面的脚本将被激活。

可以用这个积木侦测的键包括整个英文字母表（A、B、C等）、数字键（0、1、2等）、方向键（←↑→↓）和空格键。在更新之后，这个积木现在包含"任意"选项，允许按下任意键来触发脚本。

1. 用例脚本

这个 当按下 空格 键 积木用于从玩家那里获得输入，一些常用的用途包括：

■ 控制对象；

■ 启动动画；

■ 打字游戏；

■ 移动角色。

2. 相关积木

欲了解更多，请参考本书第 8.2.4 节的 按键 空格 是否按下? 积木。

4.3.3 当角色被单击时

当角色被点击时 积木既是事件积木，也是鸭舌帽形积木。一旦它的角色或角色的克隆体被单击，其下的脚本将被激活。与它的明确名称不同的是，当克隆体被单击时，积木也将触发克隆的脚本。

单击角色的透明区域不会触发此事件，除了使用位图编辑器中的中空矩形和椭圆形工具包围的透明区域之外。

如果一个角色已经被隐藏，当它所在的位置被单击时，此积木下的脚本将不被激活。

在舞台中，这个积木被称作 当舞台被点击时 。

用例脚本

这个 当角色被点击时 积木可用于各种用途。一些常用的用途包括：

- 制作按钮；

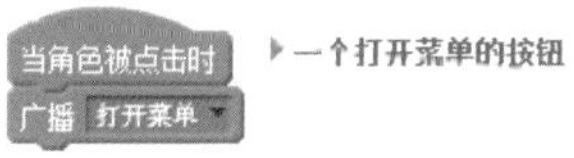
当角色被点击时
广播 打开菜单
一个打开菜单的按钮

- 操作系统；

当角色被点击时
将背景切换为 背景1

- 与对象交互；

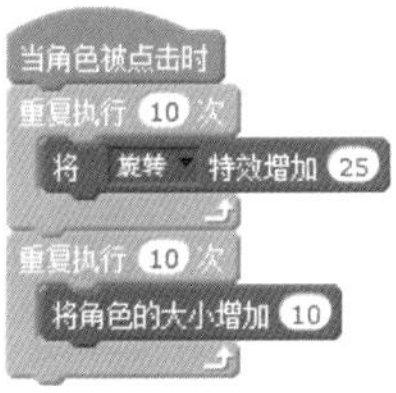
当角色被点击时
重复执行 10 次
将 旋转 特效增加 25
重复执行 10 次
将角色的大小增加 10

- 输入控制；

当角色被点击时
说 Hello! 2 秒
询问 你今天感觉怎么样? 并等待
如果 回答 = 高兴 那么
说 很好! 2 秒

- 菜单。

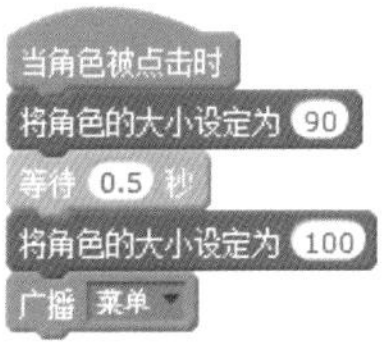
当角色被点击时
将角色的大小设定为 90
等待 0.5 秒
将角色的大小设定为 100
广播 菜单

4.3.4 当背景切换到 [背景 1]

当背景切换到 背景1 既是事件积木，也是鸭舌帽形积木。一旦指定的背景切换到舞台上，就会触发该积木的脚本。

1. 用例脚本

当背景切换到 背景1 积木的一些常用用途如下：

- 启动关卡；

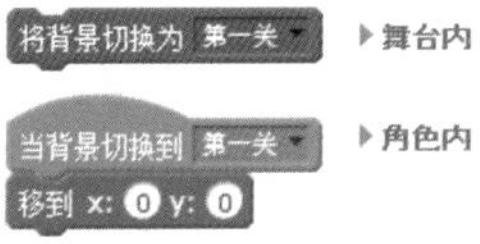
将背景切换为 第一关
舞台内
当背景切换到 第一关
移到 x: 0 y: 0
角色内

- 游戏结束界面通知；

将背景切换为 游戏结束
舞台内
当背景切换到 游戏结束
隐藏
角色内

■ 菜单间跳转；

■ 递归。

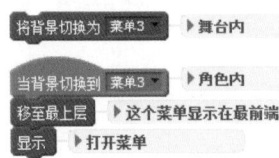

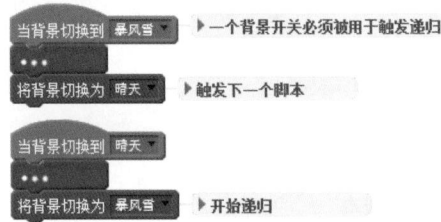

2. 相关积木

欲了解更多，请参考本书第10.1.2节的 `将背景切换为 背景1` 积木、第10.1.3节的 `将背景切换为 背景1 并等待` 积木、第 10.2.2 节的 `背景名称` 积木和第 10.2.3 节的 `背景编号` 积木。

4.3.5 当 [响度]>[10]

`当 响度 > 10` 既是事件积木也是鸭舌帽形积木。当左边的值（从下拉列表中选择）大于右边的值（用户设定）时，将启动其下的脚本。其下拉列表中提供的选项有响度、计时器和视频移动。

下拉列表选项

■ 响度：表示计算机的麦克风拾取的声音，最高值和最低值分别是 10 和 1。一旦响度高于选择数量，脚本将开始运行。

■ 计时器：是一个临时性的特性，它记录了自上次绿旗▶被单击或计时器被重置后的时间，以秒为单位。计时器变量默认是不断运行的，并且可以重置。从 0 开始计算，一旦定时器的值大于所选择的时间，脚本将运行。

■ 视频移动：使用来自视频输入的光流。它能通过摄像头捕捉到物体运动，取值范围为 0~100。

1. 用例脚本

这个 `当 响度 > 10` 积木可以用于很多情况，例如：

■ 有声音输入时说些什么；

■ 延迟触发。

■ 运动激活；

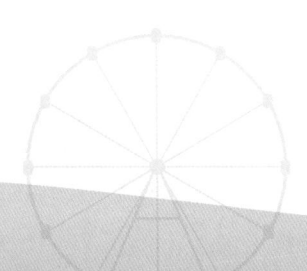

2. 相关积木

欲了解更多，请参考本书第 7.1.2 节的 积木。

4.3.6 当接收到 [消息 1]

既是事件积木也是鸭舌帽形积木。如果某个特定的广播消息（如消息 1）已由调用它的脚本发出，那么头顶此积木的脚本将被触发。

1. 用例脚本

广播通常用于调用脚本。当一个广播被发出时，为了激活脚本，这些脚本应该头顶特定的 积木。常见用途如下：

■ 准备一个变化；

■ 隐藏特定的角色；

■ 设定场景；

■ 脚本或角色之间通信；

■ 创建尾递归；

■ 赢得比赛。

2. 相关积木

欲了解更多，请参考本书第 4.4.1 节的 广播 消息1 积木和第 4.4.2 节的 广播 消息1 并等待 积木。

4.4 矩形事件积木

本节将讨论事件类积木中的两个矩形积木。

4.4.1　广播 [消息 1]

广播 消息1 是一个事件模，也是一个矩形积木，它在整个程序中发送广播。在任何角色中的脚本，只要头顶 当接收到 消息1 积木都会被激活。这个广播积木允许脚本发送任何广播消息，而无须等待（与 广播 消息1 并等待 不同）。广播是角色和脚本通信的好方法，其中"消息 1"就像一根线一样，连接通信双方。

1. 用例脚本

如果脚本必须在没有用户介入的情况下被激活，并且是在项目启动后，那么最简单的方法就是通过 广播 消息1 。一些常见用途如下：

- 角色之间通信；

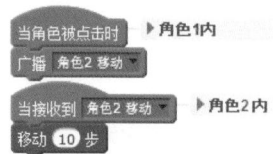

- 关联不同事件；

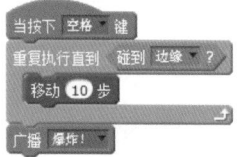

- 同时运行两个脚本；

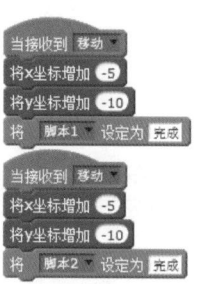

- 用多个角色布置同一场景；

广播 所有脚本都准备好了！

- 递归。

广播 消息1 也可以在某种方式上创造尾递归。当脚本在某个点调用自身时，就会发生递归。它可以用来创造分形和一个无限循环等。

2. 相关积木

欲了解更多，请参考本书第 4.4.2 节的 广播 消息1 并等待 积木和第 4.3.6 节的 当接收到 消息1 积木。

4.4.2　广播 [消息 1] 并等待

广播 消息1 并等待 是一个事件模，也是一个矩形积木，它在整个程序中发送广播。在任何角色中的脚本，只要头顶 当接收到 消息1 积木都会被激活。这个 广播 消息1 并等待 积木允许脚本发送广播，并让它们等待所有接收端的脚本被激活。而 广播 消息1 积木允许脚本发送广播后继续运行，不需要等待所有接收端的脚本被激活。

1. 用例脚本

在项目启动后，如果脚本必须在没有用户介入的情况下被激活，只有一种方式：广播。

的一些常见用途如下：

- 脱口秀动画；

- 多跳项目；

- 普通动画；

- 递归。

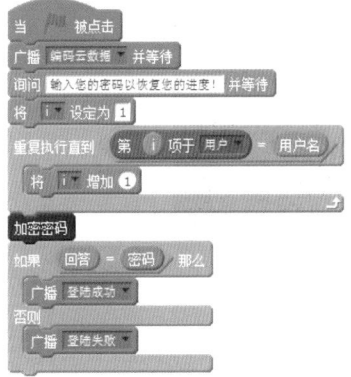也可以在某种方式上创造递归。当脚本在某个点调用自身时，就会发生递归。它可以用来创造分形和一个无限循环等。

- 在线数据验证；

2. 相关积木

欲了解更多，请参考本书第 4.3.6 节的 当接收到 消息1 积木和第 4.4.1 节的 广播 消息1 积木。

4.5 编程挑战——海底发射太空船

4.5.1 项目简介

项目名：海底发射太空船。

想象一下，假如你接到一个任务，要把一艘太空船从海底发射出去，并成功降落到太空中的某个星球上。

你会采用什么样的思路和编程技巧来保证飞船的发射成功？

读者可以结合配书资源中的案例制作视频完成本项目。

4.5.2　操作说明

按空格键发射太空船；

飞船飞到星球的上空悬停后，单击"飞船"本身，启动着落程序。

4.5.3　编程指导

本例效果如图 4.4 所示。读者可以观看配书资源中的案例运行效果视频。

图 4.4　海底发射太空船

发射过程大致可以分为四个阶段：起飞准备→点火飞行→悬停→着落。

1. 起飞准备

在此阶段，需要准备好"飞船"角色和各种背景；确定飞船的发射位置和初始造型等。

角色：一个飞船角色有两个造型，一个静止状态的造型，另一个是飞行状态的造型。（从角色库中导入）

舞台背景：一张海底背景图片、一张某星球表面图片和多张飞行途中的图片。（从背景库中导入）

舞台脚本如下：　　　　　　　　　　　　　　　角色脚本如下：

2. 点火飞行

按空格键点火发射，飞船不断地垂直往上飞行，通过切换不同的背景来模拟飞行过程中场景的变化。

在编程中需要明确触发背景切换的事件：飞船碰到边缘后，广播一条"背景切换"的消息。背景接收到该消息，执行"下一个背景"指令。

舞台脚本如下：

角色脚本如下：

3. 悬停

背景切换到最后一个背景图片时，即 space 背景，飞船就不能再往上飞行了——它要准备着落了！编程时，如何让飞船知道它自己要停止飞行呢？引入一个变量"降落"即可。当背景切换到 space 时，广播一条"安全降落"的消息，飞船接收到此消息后，就将变量"降落"设定为"1"，这个值作为飞行停止的临界点。

舞台脚本如下：

角色脚本如下：

4. 着落

飞船悬停在舞台 (0,0) 坐标位置后，单击飞船本身，启动着落。

角色脚本如下：

项目全部脚本如下：

舞台：

角色：

```
当 ▶ 被点击
将 降落 ▼ 设定为 0
移到 x: -13 y: -137
将造型切换为 降落 ▼
移至最上层
说 准备发射! 2 秒

当按下 空格 ▼ 键
将造型切换为 飞行 ▼
重复执行直到 降落 = 1
  将y坐标增加 2
  如果 碰到 边缘 ▼ ? 那么
    广播 背景切换 ▼
    移到 x: -13 y: -137

当接收到 安全降落 ▼
在 2 秒内滑行到 x: 0 y: 0
将 降落 ▼ 设定为 1

当角色被点击时
将造型切换为 降落 ▼
在 2 秒内滑行到 x: -13 y: -120
说 安全降落! 2 秒
停止 全部 ▼
```

4.5.4 改编建议

有如下两个改编建议：

- 改变飞船外形；
- 设计返回路线。

4.6 本章小结

事件积木是控制事件和触发脚本的积木。Scratch 2.0 中共有以下 8 个事件积木。

6 个鸭舌帽形事件积木：

- [当 ▶ 被点击]——单击该标志时，脚本将被激活；

- [当按下 空格 ▼ 键]——按下指定的键后，脚本将被激活；

- [当角色被点击时]——单击角色时，脚本将被激活；

- [当背景切换到 背景1 ▼]——当背景切换到所选的背景时，脚本将被激活；

- ——当第一个值大于第二个值时，脚本将被激活；

- ——收到广播后，脚本将被激活。

2 个矩形事件积木：

- ——在整个 Scratch 程序中发送广播，激活 设置为该广播的积木；

- ——与 积木类似，但它会暂停脚本直到完成广播激活的所有脚本。

第 **5** 章

控制积木

控制积木是 Scratch 积木中的大类之一，用金色标识，用来控制脚本。在 Scratch 1.4 或更早的版本中，这个类别也包含了现在的事件积木。

控制积木以所需的方式运行项目的基本流程，无论是有组织的还是意外的。它们提供了循环所需的各种积木和脚本的功能，"控制"项目并加强其运行。

目前有 11 个控制积木：1 个鸭舌帽形积木、5 个 C 形积木、3 个矩形积木和 2 个太阳帽形积木。

Scratch 2.0 中包含了如图 5.1 所示的 1 个鸭舌帽形的控制积木。

5 个 C 形控制积木，如图 5.2 所示。

图 5.1　鸭舌帽形的控制积木

图 5.2　C 形控制积木

3 个矩形控制积木，如图 5.3 所示。

2 个太阳帽形控制积木，如图 5.4 所示。

图 5.3　矩形控制积木　　　　　　　　　图 5.4　太阳帽形的控制积木

5.1 鸭舌帽形控制积木

当作为克隆体启动时积木最初被称为"克隆启动",后来被重新命名,以消除对该积木功能的混淆。

克隆通常意味着在创建时做一个动作,而不是等待一个不同的事件。它将产生一个角色的多个副本,而不必复制它和它的所有属性。当克隆体被创建时, 当作为克隆体启动时是在克隆体中执行的脚本的鸭舌帽积木,它将激活其下的脚本。在同一个角色中可以有多个这样的积木;克隆体会同时运行所有的脚本。脚本本身可以同时运行在多个克隆体上。

1. 用例脚本

该积木可以执行的动作包括:

- 随机设置一个克隆体在舞台上的位置;

- 在碰到其他角色之前,一直移动克隆体。

2. 相关积木

欲了解更多积木,请参考本书第 5.3.1 节的 克隆 自己 积木和第 5.4.1 节的 删除本克隆体 积木。

5.2 C 形控制积木

本节将讨论控制类积木中的 5 个 C 形积木。

5.2.1 重复执行直到 [条件 1]

内嵌在 重复执行直到 积木内的六边形语句,如 [条件 1], 为假时,夹在它体内的代码(如果有的话)将被重复执行,直到 [条件 1] 为真。

1. 用例脚本

该积木的一些常见用途如下:

■ 移动角色直到其 X 轴或 Y 轴坐标位置处于一定量；

■ 在没有单击鼠标之前一直跟随鼠标指针；

■ 重复执行一个动作直到某事件发生；

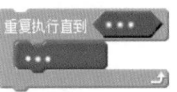

■ 持续执行一个脚本一段时间；

■ 重复问题直到用户正确回答。

5.2.2　重复执行 [10] 次

夹在 重复执行 10 次 积木体内的脚本将被执行给定的次数，如 [10] 次。循环体内的脚本执行完后，才会执行其体外的脚本（如果有的话）。

1. 用例脚本

重复执行 10 次 积木可以大大提高程序的执行效率并减少代码量，一些常用的用途有：

■ 重复代码；

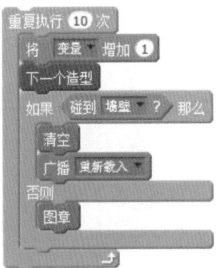

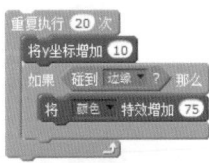

上面的用例中，角色可以持续移动并检测是否碰到边缘。

■ 嵌套。

■ 动画；

■ 持续检测；

将一个 重复执行 10 次 积木放入另一个 重复执行 10 次 积木体内,我们称之为"嵌套",这种循环也被称为"嵌套循环"。最终执行的结果是这两个循环输出的结果。在上个例子中,嵌套循环绘制出 10×10,也即 100 个点。

2. 相关积木

欲了解更多积木,请参考本书第 5.2.1 节的 重复执行直到 积木和第 5.2.2 节的 重复执行 积木。

5.2.3 重复执行

和 重复执行直到 积木与 重复执行 10 次 积木一样,夹在 重复执行 积木体内的脚本处于一个循环中,唯一不同的是 重复执行 积木无限循环,永不停止,除非单击●按钮停止,或者单击 停止 全部 、单击循环体内的 停止 当前脚本 及循环体外的 停止 角色的其他脚本 都可以被激活。

由于 重复执行 是无限循环,在积木底部没有凸起;有凹凸是没有意义的,因为它下面的积木永远不会被激活。

1. 用例脚本

重复执行 积木有轻微的延迟,因此为了最佳的执行速度,应该使用单个积木。

重复执行 是最常用的积木之一,因为有很多情况需要无限循环。一些常见的用途有:

- 一个角色跟随另一个角色或目标;

- 音乐循环播放;

- 动画(如一个挥手动画)。

2. 相关积木

欲了解更多,请参考本书第 5.2.1 节的 重复执行直到 积木、第 5.2.2 节的 重复执行 10 次 积木和第 5.4.2 节的 停止 全部 积木。

5.2.4 如果 [条件 1] 那么

如果 那么 积木将检测六边形条件，如 [条件 1]。如果条件为真，则运行夹在其内部的积木，其外部的积木继续运行。如果条件为假，则其内部的积木将被忽略，其外部的积木继续运行（这与 如果 那么 否则 积木有所不同）。如果 那么 积木只对条件做一次检查，如果该条件在积木内的脚本运行的同时变为 false，则它将继续运行直到完成。

1. 用例脚本

在编程中，"条件判断"是很重要的事，运用 如果 那么 积木是最简单的方法。此积木在编程时无处不在，常见用途如下：

- 数值比较；

- 输入检测；

- 控制对象。

在使用 如果 那么 积木时要注意，一个 如果 那么 积木只能执行一次。有些用户对为什么在使用该积木时脚本不起作用而感到困惑，其中最常见的误解就是认为该积木反复检查一个条件，所以一些用户不理解为什么脚本不与 如果 那么 积木一起工作。为了反复检查一个条件，它只需要放在一个无限循环或另一种循环中即可。

循环控制积木，如 重复执行直到 和 重复执行 10 次 也可以使用条件重复，但仅在短时间内重复。

2. 相关积木

欲了解更多积木，请参考本书第 5.2.4 节的 如果 那么 否则 积木。

5.2.5 如果 [条件 1] 那么否则

积木 如果 那么 否则 将检查其六边形条件，如果条件为真，则在第一个 C（ 空间 ）内保持的代码将被激活，然后脚本将继续运行；如果条件为 false，则第二个 C 中的代码将被激活（与积木不同）。

1. 用例脚本

编程中，一个非常重要的任务是"检查条件"，这通常是由积木完成的。"检查条件"

一般是在条件为假时运行另一段代码。虽然这有其他替代解决途径，但是积木是最简单的解决途径。该积木的一些常见用途如下：

- 做"这个"（第一个 C 中的代码）或"那个"（第二个 C 中的代码）；

- 如果角色的生命值低于一定的数量，它就会死亡，否则它会做别的事情；

- 简单的脚本改变；

上例中，如果一个变量等于某个值，就会发生一个事件；如果变量不等于该值，则会发生不同的事情。

- 可适应条件变化的脚本，如变化的变量。

2. 相关积木

欲了解更多积木，请参考本书第 5.2.5 节的积木。

5.3 矩形控制积木

本节将介绍控制类积木中的 3 个矩形积木。

5.3.1 克隆自己

克隆 自己 ▼ 积木根据参数创建角色的克隆，它还可以克隆正在运行的角色，递归克隆的克隆角色。

1. 用例脚本

当角色必须复制自己时，通常使用克隆。下面是一些例子。

- 射击游戏中的无限子弹；
- 创建多个副本，用于用户单击。

2. 相关积木

欲了解更多积木，请参考本书第 5.1 节的 当作为克隆体启动时 积木和第 5.4.1 节的 删除本克隆体 积木。

5.3.2 等待 [1] 秒

等待 1 秒 积木在指定的秒数内暂停它的脚本，等待秒数也可以是小数。

1. 用例脚本

"等待"积木是最常用的积木之一，每当角色必须等待另一个动作时都会使用它。该积木的一些常见用途如下：

- 计时器；

- 动画延迟；

- 虚拟仿真；

- 让变量在 Java 播放器中获得其正确的值；

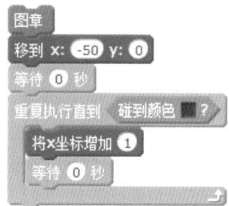

■ 在 Flash 播放器中允许页面刷新，这样角
色可以侦测到画笔所画的物体。

5.3.3 在 [条件 1] 之前等待

在 〈 〉 之前一直等待 积木暂停其脚本，直到指定的六边形条件为真。当脚本必须等待某个事件时，通
常会用到它。

1. 用例脚本

该积木一些常见用途包括：

■ 等待角色移动到某处；

在 ◁ x坐标 ▽ 对于 角色1 ▽ > 50 〉 之前一直等待

■ 等待变量超过临界值；

在 〈 距离 ▽ > 10 〉 之前一直等待

■ 等待另一个脚本或角色的回复；

在 〈 准备好了吗? = 1 〉 之前一直等待

■ 等待到达预设时间。

将 最后时刻 ▽ 设定为 计时器
在 〈 计时器 - 最后时刻 > 0.5 〉 之前一直等待 ▶ 等待0.5秒

5.4 太阳帽控制形积木

本节将讨论控制类积木中的两个太阳帽形积木。

5.4.1 删除本克隆体

删除本克隆体 积木删除运行它的克隆体。除了单击绿旗▶标志或停止●标志，这是删除克隆的唯一方
法。当克隆体被创建时，可以使用此积木来删除克隆体（只会删除以 当作为克隆体 启动时 开始的脚本下面的
克隆体）。

1. 用例脚本

克隆体并不总是要持续到绿旗▶标志或停止●标志被按下，这时就需要用 删除本克隆体 积木来删
除它。

47

■ 射击后删除一颗子弹；

```
当按下 空格 ▼ 键
克隆 子弹 ▼

当作为克隆体启动时
移到 玩家 ▼
面向 鼠标指针 ▼
重复执行直到 < 碰到 边缘 ▼ ? > 或 < 碰到 目标 ▼ ? >
    移动 3 步
删除本克隆体
```

■ 去除在捉迷藏游戏中被发现的角色；

```
当 🚩 被点击
将 角色数量 ▼ 设定为 10
重复执行 角色数量 次
    克隆 角色1 ▼

当作为克隆体启动时
在 < 鼠标键被按下? > 与 < 碰到 鼠标指针 ▼ ? > 之前一直等待
说 你抓住我了！ 2 秒
隐藏
将 角色数量 ▼ 增加 -1
```

■ 响应某个事件，删除项目中的所有克隆体。

```
广播 删除克隆体 ▼
图章

当接收到 删除克隆体 ▼
删除本克隆体
```

2. 相关积木

欲了解更多积木，请参考本书第 5.1 节的  积木和第 5.3.1 节的 克隆 自己 ▼ 。

5.4.2 停止全部

停止 全部 ▼ 积木是一个控制积木。根据参数，它可以是鸭舌帽形积木（ 停止 全部 ▼ 或 停止 当前脚本 ▼ ），也可以是矩形积木（ 停止 角色的其他脚本 ▼ ）；它是唯一可改变形状的积木。

1. 用例脚本

可以通过以下几种方式使用"停止"积木。

■ 执行所有操作后结束项目；

```
当接收到 结束 ▼
说 就这些了。 2 秒
停止 全部 ▼
```

■ 停止一个项目，例如当所有生命都失去时；

```
当 🚩 被点击
重复执行
    如果 < 生命值 = 0 > 那么
        停止 全部 ▼
```

■ 禁用控件；

```
当 🚩 被点击
重复执行
    如果 < 鼠标键被按下? > 与 < 跳跃中 = 0 > 那么
        将 Δ ▼ 设定为 5
    如果 < 关卡 = 7 > 那么
        停止 全部 ▼
```

■ 禁用角色；

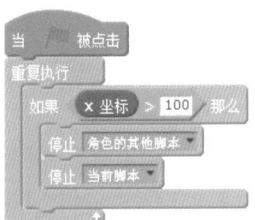

■ 仅执行一定次数的动作，然后停止。

5.5 编程挑战——大鱼吃小鱼

5.5.1 项目简介

项目名：大鱼吃小鱼。

海底世界丰富多彩，千奇百怪的鱼儿更是应有尽有。其中，处于食物链顶端的鲨鱼，其所到之处无不让周围的小鱼虾们闻风丧胆，逃之夭夭。

你能用 Scratch 制作一个"大鱼吃小鱼"的动画吗？本例效果如图 5.5 所示。

读者可以结合配书资源中的案例制作视频完成本项目，也可以观看配书资源中的案例运行效果视频。

图 5.5 大鱼吃小鱼

5.5.2 操作说明

单击绿旗启动程序，播放动画。

5.5.3 编程指导

在此项目中有 3 个关键问题需要解决：第一，如何控制鱼儿们自由自在地游动？第二，如何控制鲨鱼捕食？第三，如何控制小鱼被吃掉？

移动 1 步 积木可以使鱼儿每次移动 1 步，如果套上 重复执行 积木，就可以使鱼儿不断地向右直线移动。碰到舞台边缘怎么办呢？用 碰到边缘就反弹 积木就可以让鱼儿掉头，只是鱼儿掉过头之后会是"仰泳"状态。为了解决这个 bug，应该在程序初始化时，让鱼儿们的旋转模式设置成"左右翻转"，即 将旋转模式设定为 左-右翻转 。在程序启动时，使用 右转 15 度 积木或 左转 15 度 积木，让鱼儿倾斜一定的角度，这样鱼儿在碰到边缘反弹后会改变路线，这样鱼儿们就可以自由自在地游动了。脚本如下：

鲨鱼或小鱼：

鲨鱼碰到小鱼时，可以通过切换造型来实现捕食的效果。脚本如下：

鲨鱼：

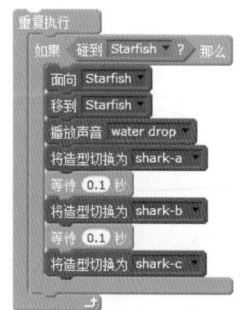

同理，小鱼碰到鲨鱼时，隐藏自身即可。脚本如下：

小鱼：

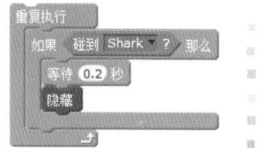

项目中，多次使用了 重复执行 / 如果 那么 积木组合，是因为"鲨鱼和小鱼是否相遇"这个条件判断自始至终都需要程序执行，即程序运行期间要不断地执行此判断，而不是只执行一次。这种组合是非常常见的。

项目全部脚本如下：

鲨鱼：

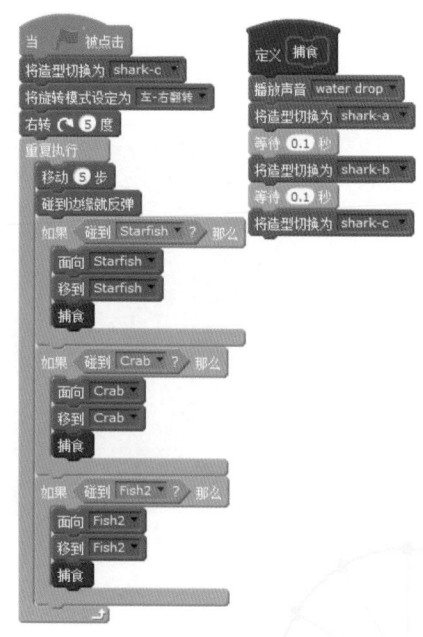

小鱼：（以 Fish2 为例）

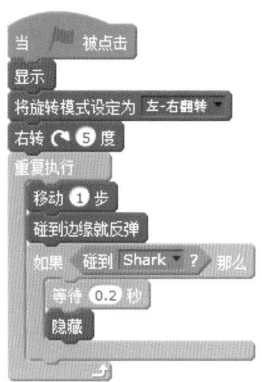

5.5.4 改编建议

有如下两个改编建议：

- 添加更多的鱼；
- 统计鲨鱼吃了多少条鱼。

5.6 本章小结

控制积木是控制脚本的积木。Scratch 2.0 中共有 11 个控制积木，分别如下。

1 个鸭舌帽形控制积木：

- 当作为克隆体启动时（仅限角色）——无论何时创建克隆，都会触发此鸭舌帽形积木，并且只能由该克隆体运行。

3 个矩形控制积木：

- 克隆 自己——创建指定的克隆体；
- 等待 1 秒——暂停脚本一段时间；
- 在 之前一直等待——暂停脚本直到条件为真。

5 个 C 形控制积木：

- 重复执行直到——一旦条件为真，将停止的循环；
- 重复执行 10 次——循环重复指定的次数；

- ——一个永远都不会结束的循环；

- ——检查条件，以便在条件为真时，其中的积木能被激活；

- ——检查条件，以便在条件为真时，C 形积木内的第一个积木能被激活，如果条件

    为假，则 C 形积木内的第二个积木将被激活。

2 个太阳帽形控制积木：

- 删除本克隆体（仅限角色）——删除克隆；

- 停止 全部 ——停止通过下拉菜单选择的脚本，当选择"此角色中的其他脚本"时，会变成矩形积木。

第6章

数据积木

数据积木是 Scratch 2.0 积木中的大类之一。它有两个子类：变量积木和列表积木。两类积木都与存储和访问数据有关，都用于存储信息，例如项目中的分数，以及在脚本和其他有需要的地方。

变量积木用橙色标记；列表积木用深红色标记。目前，数据积木共有 15 个：10 个矩形积木、4 个圆角矩形和 1 个六边形积木。按照数据类型分，共有 5 个变量类和 10 个列表积木。

6.1 变量

变量是 Scratch 记忆中记录的可变值。与列表不同，变量一次只能保存一个值，这些值可以是数字或字符串（任何文本）。单击脚本区域中的孤立变量，会显示一个小气泡，报告变量的值。与许多其他编程语言不同，必须在项目实际运行之前创建变量，这样的好处是可以使用少量的 RAM（Random Access Memory）用于存储项目实际运行时使用的值。

使用"变量"面板中的 建立一个变量 按钮创建变量，如图 6.1 所示。

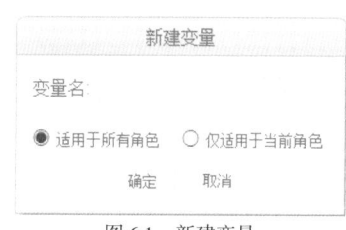

图 6.1　新建变量

6.1.1　变量类型

在 Scratch 1.4 中有两种类型的变量：public（全局）和 private（local）。在 Scratch 2.0 中添加了另一种类型——云。云数据变量存储在服务器上，使得查看项目的所有用户都可以访问它们的相同值。

1. 全局变量

默认情况下，创建的变量是全局（公有）变量。任何角色或舞台都可以读取和更改全局变量。所有变量都存储在 RAM 中，默认为 .sb 或 .sb2 文件中的值。

2．局部变量

局部（或私有／个人）变量的创建方式与全局变量相同，在变量创建对话框中选择的是另一个选项："仅适用于当前角色"。私有变量只能由其所有者更改，但可以被其他角色拿去用；舞台不能有局部变量。

> **注意**：克隆会将局部变量继承到其属性中，这意味着每个克隆都有一个单独的局部变量编号。

3．云变量

云变量是存储在云服务器上的变量。当云变量更新时，它会在项目打开的所有副本中更新，并且在下次打开项目时也会保存。云变量的名称旁边有一个小的云图标。在当前版本的 Scratch 中，云变量只能以数字形式保存数据，而不能保存为文本。

6.1.2　使用说明

每当必须存储值时就要使用变量。比如，如果项目要求用户输入密码，然后记住该密码，则密码将存储在变量中。有了这个用来存储密码的变量，用户可以随时访问密码；所有项目要做的就是检查其值，即密码。

变量就好比是一个装东西的盒子，这个盒子可以装数字、英文字母和汉字等。为了区分不同的盒子，需要给每个盒子取一个独一无二的名字，这个名字称之为变量名。

变量舞台监视器的外观可以更改为 3 种形式：正常读数、大读数和滑块，如图 6.2 所示。可以通过双击或右击它并选择所需的选项来更改变量的形式，如图 6.3 所示。

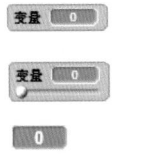

图 6.2　3 个不同的变量显示

图 6.3　改变变量舞台监视器显示方式

通过单击变量面板中的复选框，或右击并选择快捷菜单的"隐藏"命令，选择是否在舞台上隐藏或显示变量，如图 6.4 所示。

图 6.4　显示／隐藏变量的复选框

通过右击变量，选择快捷菜单中的"设置滑杆最小值和最大值"命令，在弹出的"滑杆数值范围"属性框中设置变量的最小值和最大值，如图 6.5 所示。

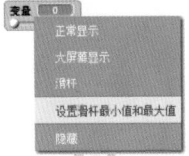

图 6.5　设置滑块最小值和最大值

6.2 列表

列表（在其他编程语言中也称为数组）是一种可用于一次存储多条信息的工具，它也可以定义为包含多个其他变量的变量。列表由与条目配对的数字组成，每个条目都可以通过其配对号码检索。列表积木可以在数据积木面板中找到，使用列表面板中的 建立一个列表 按钮即可创建列表。

列表由条目组成——每个条目都像变量一样。当需要许多变量或者在项目运行之前程序员无法确定需要存储的内存量时，列表就会很有用。

6.2.1 列表项

1. 数据导入

可以手动或通过编程的方式将数据项添加到列表中或从列表中删除。按住 Shift 键并在列表中按 Enter 键，会在先前选择的条目上方生成一个新条目，而按住 Shift 键而不按 Enter 键，则会在先前选择的条目下创建一个列表条目。也可以通过右击列表，选择"导入"命令，然后选择 .txt（文本文件）或 .csv（逗号分隔值文件）来添加列表条目，文件中的每一行都将成为列表中的新条目，如图 6.6 所示。

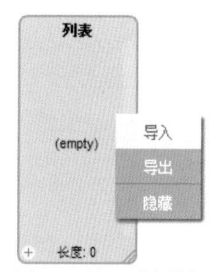

图 6.6 导入列表数据

2. 数据导出

也可以以相同的方式导出数据。但是如果列表的名称在用户的操作系统中不被支持，则无法执行此操作。在 Windows 中，列表使用问号（？）、星号（＊）、尖括号（＜＞）、管道（|）、冒号（：）、空格或任何 ASCII 控制字符。对于这种类型的列表，第一次执行"导出"操作时，不会发生任何事情；第二次执行时，导入 / 导出菜单将关闭。

> **提示：** 允许的字符因操作系统而异。

6.2.2 列表大小限制

除了足以使 Scratch "崩溃"的数量之外，条目的长度或列表可以容纳的条目数量几乎没有限制。但是，如果列表上传时间过长，我们可能无法在线保存条目，因为 Scratch 将在大约 30 秒后返回网络错误。

6.2.3 列表编辑器

列表编辑器允许编辑列表，它只能在项目编辑器中使用。单击列表条目可输入新列表条目，也可以单击右侧的"×"号图标删除条目，单击列表区域左下角的"+"号图标可以添加条目，如图 6.7 所示。

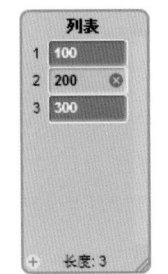

图 6.7 列表编辑器

6.3 变量积木

Scratch 2.0 中包含 4 个矩形变量积木（见图 6.8）和 1 个圆角矩形变量积木（见图 6.9）。

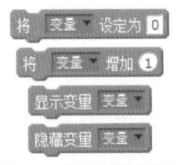

图 6.8 矩形变量积木

图 6.9 圆角矩形变量积木

6.3.1 将变量设定为 [0]

将 变量 设定为 0 积木将指定的变量设置为给定值：字符串或数字。在 Scratch 1.2.1 及更早的版本中，只能输入数字。

1. 用例脚本

项目启动时，必须重置某些变量（如分数、当前级别等）才能使项目正常工作。将 变量 设定为 0 积木的一些常见用法如下：

- 重置项目；

- 选择一个级别；

- 设置数学公式的值。

2. 相关积木

欲了解更多，请参考本书第 6.3.2 节的 将 变量 增加 1 积木。

6.3.2 将变量增加 [1]

将 变量 增加 ① 积木将以给定的量更改指定的变量。如果变量是字符串而不是数字，则将其设置为要更改变量的数量（将字符串转换为 0）。

1. 用例脚本

该积木的一些常见用途如下：

■ 改变物体的速度；

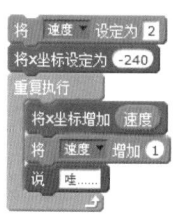

■ 改变级别；

■ 改变游戏中的分数。

2. 相关积木

欲了解更多，请参考本书第 6.3.1 节的 将 变量 设定为 0 积木。

6.3.3 显示变量

显示变量 变量 积木用于在舞台上显示指定变量的舞台监视器。

1. 用例脚本

在使用变量舞台监视器来显示内容的项目中，显示器可能不得不隐藏或显示，这可以通过 显示变量 变量 和 隐藏变量 变量 来完成。一些流行的用途如下：

■ 在游戏结束时显示统计信息；

■ 在模拟中切换滑块；

■ 始终将变量保持在前层。

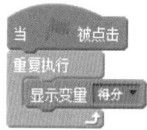

2. 相关积木

欲了解更多，请参考本书第 6.3.4 节的 隐藏变量 变量 积木。

6.3.4　隐藏变量

隐藏变量 变量▼ 积木用于在舞台上显示指定变量的舞台监视器。

1.　用例脚本

该积木常见用法如下：

■ 当值不可编辑时隐藏滑块；

用于锁定或打开变量的按钮

■ 在比赛结束时隐藏得分；

■ 当变量不再使用时隐藏变量；

在"一个角色一个脚本"项目中显示消息。

2. 相关积木

欲了解更多，请参考本书第 6.3.3 节的 显示变量 变量 积木。

6.3.5 变量

变量 积木只保留其变量。无论何时创建变量，此积木可以在舞台上作为监视器使用。

1. 用例脚本

该积木常用示例如下：

■ 保存信息；

■ 显示信息。

■ 回调信息；

6.4 列表积木

Scratch 2.0 中包含 6 个矩形列表积木（见图 6.10）、3 个圆角矩形列表积木（见图 6.11）和 1 个六边形列表积木（见图 6.12）。

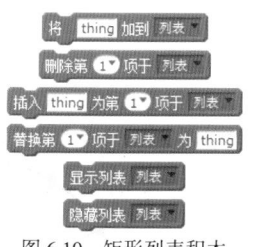

图 6.10　矩形列表积木

图 6.11　圆角矩形列表积木

图 6.12　六边形列表积木

6.4.1 将 [thing] 加到 [列表]

积木用于将一个项目添加到指定列表的末尾，该项目包含给定的文本。

1. 用例脚本

在许多项目中，列表连续记录变量；列表中的条目由变量当前值连续添加到列表中组成。要为列表添加更多内容，需要添加条目，积木可以完成这项工作。该积木常见用法如下：

- 将信息添加到记录保留列表中；
- 将对象提交到列表中。

- 将消息添加到列表舞台监视器中；

2. 相关积木

欲了解更多，请参考本书第6.4.2节的 删除第 1 项于 列表 积木、第6.4.3节的 插入 thing 为第 1 项于 列表 积木和第 7.2.10 节的 连接 hello 和 world 积木。

6.4.2 删除第 [1] 项于 [列表]

删除第 1 项于 列表 积木可以根据所选的选项删除输入的项目、最后一项或指定列表的所有项目。

1. 用例脚本

如果有多个项目列表，但只需要删除一个项目列表，使用 删除第 1 项于 列表 积木可以实现。该积木的一些常见用途如下：

- 删除多余的项目；

- 在项目启动时准备列表，以便可以添加新数据。
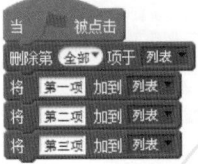

2. 相关积木

欲了解更多，请参考本书第 6.4.1 节的 将 thing 加到 列表 积木、第 6.4.3 节的 插入 thing 为第 1 项于 列表 积木和第 6.4.4 节的 替换第 1 项于 列表 为 thing 积木。

6.4.3　插入 [thing] 为第 [1] 项于 [列表]

插入 thing 为第 1 项于 列表 积木用于将包含给定文本的条目 [thing] 插入到给定位置 [1] 的列表中。插入条目下方的所有值都将传递到它们下面的条目中；最后一项的值放在列表末尾的新条目中。

1. 用例脚本

如果列表用于按特殊顺序保存对象并且必须向其中添加对象，则使用 将 thing 加到 列表 积木会破坏顺序，但是使用 插入 thing 为第 1 项于 列表 积木可以插入对象而不会破坏顺序，如图 6.13 所示。

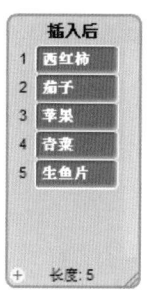

图 6.13　将"苹果"添加到列表中的位置 3

插入 thing 为第 1 项于 列表 的一些常见用法如下：

- 将项目插入到列表的特定部分中；

- 字处理器，记录列表中的所有字符，其中字符将被插入句子的中间；
- 提供比 将 thing 加到 列表 更精确的操作。

2. 相关积木

欲了解更多，请参考本书第 6.4.1 节的 将 thing 加到 列表 积木和第 6.4.4 节的 替换第 1 项于 列表 为 thing 积木。

6.4.4　替换第 [1] 项于 [列表] 为 [thing]

替换第 1 项于 列表 为 thing 积木用于替换指定的项目，换句话说就是它将项目的内容更改为给定的文本。

1. 用例脚本

如果某个项目必须更改其内容，则此积木可以完成这个任务。

【替换第 1▼ 项于 列表▼ 为 thing 】的一些常见用法如下：

■ 更改项目，例如替换对象列表中的对象；

> 询问 你想改变购物清单的哪一项？ 并等待
> 将 项目▼ 设定为 回答
> 询问 你想把这一项改成什么？ 并等待
> 将 新物品▼ 设定为 回答
> 替换第 项目 项于 购物清单▼ 为 新物品

■ 重写列表但不删除所有项目并创建新项目；

> 说 哦，我手上的购物清单有问题，我需要一个新的。 2 秒
> 将 项目▼ 设定为 0
> 重复执行 购物清单▼ 的项目数 次
>   将 项目▼ 增加 1
>   替换第 项目 项于 购物清单▼ 为 第 在 1 到 10 间随机选一个数 项于 食物▼

■ 更改某些统计信息的记录；

> 说 王颢穿过终点线！这是100米接力赛的新纪录！ 3 秒
> 替换第 5▼ 项于 学校记录▼ 为 100m成绩

■ 在已存在的项目上添加字符；

> 替换第 1▼ 项于 列表▼ 为 连接 第 1▼ 项于 列表▼ 和 字符

■ 记录单个克隆的位置。

> 当作为克隆体启动时
> 将 ID▼ 设定为 总克隆体数
> 将 □ 加到 克隆体甲▼
> 重复执行
>   如果 按键 左移键▼ 是否按下？ 那么
>   将x坐标增加 -2.5
>   如果 按键 右移键▼ 是否按下？ 那么
>   将x坐标增加 2.5
>   替换第 ID 项于 克隆体甲▼ 为 x 坐标

2. 相关积木

欲了解更多，请参考本书第 6.4.3 节的 【插入 thing 为第 1▼ 项于 列表▼】 积木 和 第 6.4.2 节的 【删除第 1▼ 项于 列表▼】积木。

6.4.5 显示列表 [列表]

【显示列表 列表▼】积木用于显示指定列表的舞台监视器。

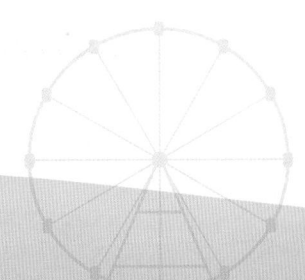

1. 用例脚本

在使用列表的舞台监视器来显示内容的项目中，显示器可能必须隐藏或显示。这需要结合使用  积木可以实现。此积木的一些常见用法如下：

- 显示库存；

- 显示输出。

2. 相关积木

欲了解更多，请参考本书第 6.4.6 节的 积木和第 6.4.7 节的 积木。

6.4.6 隐藏列表 [列表]

隐藏列表 列表 积木用于显示指定列表的舞台监视器。此积木是在 Scratch 2.0 中被引入的。

1. 用例脚本

在使用列表的舞台监视器来显示内容的项目中，显示器可能必须隐藏或显示。这需要结合使用 显示列表 列表 积木可以实现。该积木的一些常见用法如下：

- 隐藏库存；

- 准备项目。

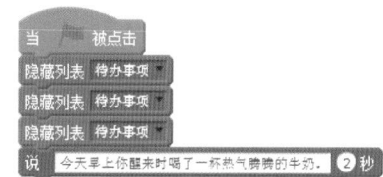

- 隐藏输出；

2. 相关积木

欲了解更多，请参考本书第 6.4.5 节的 显示列表 列表 积木和第 6.4.7 节的 列表 积木。

6.4.7 列表

列表 积木仅将其列表中的项目报告为字符串。

1. 用例脚本

列表 积木可以在舞台上作为监视器，但不经常使用。通过使用列表中的其他圆角矩形积木，可以访问所需要的大多数信息。这个积木的几个用途如下：

- 将单个字符 / 单词组合在一起；
- 将此积木赋值给变量，以便传递。

2. 相关积木

欲了解更多，请参考本书第 6.4.5 节的 显示列表 列表 积木和第 6.4.6 节的 隐藏列表 列表 积木。

6.4.8 第 [1] 项于 [列表]

第 1 项于 列表 积木用于报告指定列表中指定条目的值。

1. 用例脚本

当必须调用列表中的某个条目时，可以使用 第 1 项于 列表 积木。一些常见用法如下：

- 报告一个对象；

- 调用部分条目；

- 比较不同的列表项。

2. 相关积木

欲了解更多，请参考本书 7.2.11 节  。

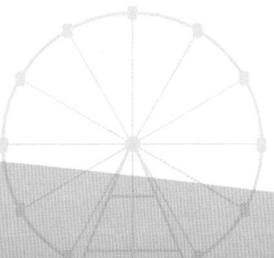

6.4.9 [列表]的项目数

积木用于报告列表包含的条目数。

1. 用例脚本

在某些项目中，可以根据值的长度发生不同的事件。该积木可以在以下情况下使用：

- 检查玩家获得的物品数量；

- 访问倒数第二个列表条目。

- 通过重复列表的条目数来迭代列表；

2. 相关积木

欲了解更多，请参考本书第 7.2.7 节的 world 的长度 积木。

6.4.10 [列表]包含 [thing]？

列表 包含 thing ? 积木用于检查指定列表中的任意条目是否等于给定文本 [thing]。如果其中至少有一个是，则该积木返回 true；如果全部都不是，则返回 false。该条目必须完全匹配给定的文本 [thing]；例如，如果项目包含 abcde，则 abc（给定文本 [thing]）将不起作用，即返回 false。

1. 用例脚本

如果必须检查对象是否在列表中，则可以使用 列表 包含 thing ? 积木。它的一些常见用法如下：

- 扫描列表；

- 检查单词是否在单词列表中；

- 在将项目添加到库存之前检查项目是否已存在；

- 在执行命令之前确保项目在列表中。

6.5　编程挑战——我喜欢的运动

6.5.1　项目简介

项目名：我喜欢的运动。

学校要举行一场"我喜欢的运动"投票活动，请你用 Scratch 设计制作这样的投票程序。

本例效果如图 6.14 所示。

读者可以结合配书资源中的案例制作视频完成本项目，也可以观看配书资源中的案例运行效果视频。

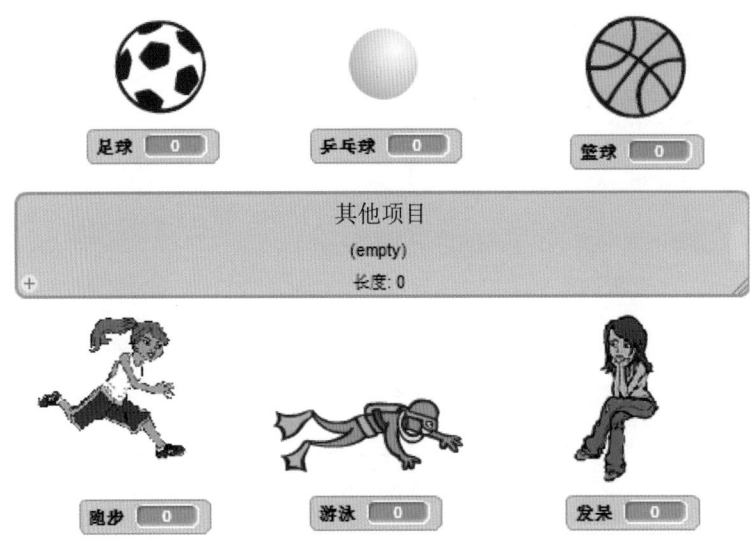

图 6.14　我喜欢的运动

6.5.2　操作说明

程序启动时，单击相应的运动项目图标，可为自己喜欢的项目投票；按空格键，可输入其他喜欢的项目。

6.5.3　编程指导

这是一个经典的简易投票程序。为了统计每个项目的投票数，需为每个项目创建一个变量；每次单击该运动项目图标，变量增加 1。6 个候选以外的项目可以存储到一个列表中；每次按空格键输入一个新项目后，将其添加到列表最后一项即可。

项目的全部脚本如下：

■ 舞台：

■ 运动项目：（以乒乓球为例）

6.5.4 改编建议

有如下两个改编建议：

添加其他运动项目；

分享到 Scratch 官方网站，实现在线统计。

6.6 本章小结

Scratch 用变量和列表存储数据。变量积木是保存数值和字符串的积木；列表积木是管理列表的积木。

Scratch 2.0 中共有 5 个变量积木，其中有 4 个是矩形变量积木。如下：

■ 将 变量 设定为 0——将指定的变量设置为指定的数值；

■ 将 变量 增加 1——按给定的数值更改指定的变量；

■ 显示变量 变量——显示变量的舞台监视器；

■ 隐藏变量 变量——隐藏变量的舞台监视器。

1 个是圆角矩形变量积木：

■ 变量——变量的值。

Scratch 2.0 中有 10 个列表积木，其中有如下 6 个矩形列表积木：

■ 将 thing 加到 列表——将项目添加到列表中（项目位于项目列表的底部），其中包含指定的内容；

■ 删除第 1 项于 列表——删除列表中的项目；

■ 插入 thing 为第 1 项于 列表——将项目添加到列表中（项目在项目列表中指定的位置），其中包含指定的内容；

- 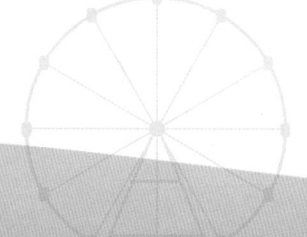替换第 1 项于 列表 为 thing ——用指定的内容替换项目的内容；

- 显示列表 列表 ——显示列表；

- 隐藏列表 列表 ——隐藏列表。

3 个圆角矩形列表积木：

- 列表 ——列表的价值；

- 第 1 项于 列表 ——指定项目的值；

- 列表 的项目数 ——列表的总项目个数。

1 个六边形列表积木：

- 列表 包含 thing ? ——检查项目内容是否为指定文本的条件。

第7章
运算积木

运算积木是 Scratch 积木的大类之一，采用浅绿色标识，用于编写数学公式和字符串处理。

目前有 17 个运算积木：6 个六边形积木和 11 个圆角矩形。运算积木和 PicoBoard 积木（是 Scratch 的拓展积木，用于硬件控制，如机器人项目）是唯一不包含矩形积木的类别。

Scratch 2.0 中，运算积木包含下面 6 个六边形积木（见图 7.1）和 11 个圆角矩形积木（见图 7.2）。

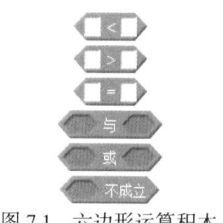

图 7.1　六边形运算积木

图 7.2　圆角矩形运算积木

7.1　六边形运算积木

本节将介绍运算类积木下的 6 个六边形积木。

7.1.1　小于

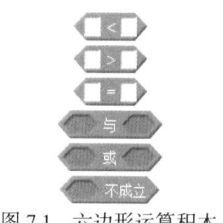积木用于检查第一个值是否小于第二个值。如果是，则积木返回 true；如果不是，则返回 false。

1. 用例脚本

![<   ]积木适用于字母及数字。在 Scratch 中，字母表顶部的字母（例如 a、b、c）的值小于末尾的字母（例如 x、y、z）。

该积木的常见用法如下：

■ 重组排序；

将 i 设定为 1
重复执行 数列 的项目数 次
　将 i2 设定为 1
　重复执行直到 第 i 项于 数列 < 第 i2 项于 数列 或 i2 > 数列 的项目数
　　将 i2 增加 1
　插入 第 i 项于 数列 为第 (i2) + 1 项于 数列
　如果 i2 < i + 1 那么
　　删除第 i + 1 项于 数列
　否则
　　删除第 i 项于 数列
　将 i 增加 1

如果一个列数必须按大小顺序排列，则![<]积木可以发挥作用。如上面的脚本所示，可以将一组数从大到小排列。

■ 插入排序；

如果 得分 < 第 1 项于 得分排行榜 与 得分 > 第 2 项于 得分排行榜 那么
　插入 得分 为第 2 项于 新排行榜

■ 等级评价；

将 i 设定为 0
删除第 全部 项于 评价
重复执行 分数列表 的项目数 次
　如果 第 i 项于 分数列表 < 60 那么
　　插入 待合格 为第 i 项于 评价
　否则
　　如果 第 i 项于 分数列表 < 80 那么
　　　插入 良好 为第 i 项于 评价
　　否则
　　　插入 优秀 为第 i 项于 评价
　将 i 增加 1

- 比较不同的变量（如比较游戏中两个角色的生命值）；

- 界定允许输入范围。

2. 相关积木

欲了解更多，请参考本书第 7.1.2 节的 积木和第 7.1.3 节的 积木。

7.1.2 大于

积木用于检查第一个值是否大于第二个值。如果是，则返回 true；如果不是，则返回 false。

积木不仅适用于数字，还适用于字母。在 Scratch 中，字母表顶部的字母（例如 a、b、c）的值小于末尾字母（例如 x、y、z）的值。

> **注意：** 数字、字母等其他字符的编码顺序可参考 ASCII 对照表。

1. 用例脚本

如果一个序列必须按由大到小的顺序排列， 积木会很有用。该积木的常见用法如下：

- 排列数字或字母；

- 比较不同的变量，例如下面比较游戏中两个角色的生命值；

历史最高分更新。

- 评估数字或字母；

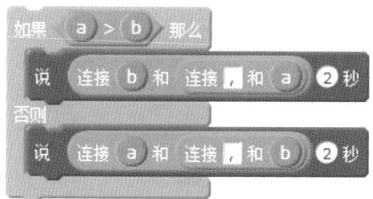

2. 相关积木

欲了解更多，请参考本书第 7.1.1 节的 ◖<◗ 积木和第 7.1.3 节的 ◖=◗ 积木。

7.1.3 等于

◖=◗ 积木用于检查第一个值是否等于另一个值。如果值相等，则返回 true；否则，返回 false。此积木不区分大小写。

1. 用例脚本

如果变量等于某个值，就执行操作，遇到这种情况，可以使用 ◖=◗ 积木。该积木的一些常见用法如下：

■ 暂停脚本直到变量达到一定量；　　　　　■ 检查用户输入；

■ 检查布尔值是否相同；

■ 比较不同的值；　　　　　■ 当剩下 0 个生命时做某事。

2. 相关积木

欲了解更多，请参考本书第 7.1.1 节的 ◖<◗ 积木和第 7.1.2 节的 ◖>◗ 积木。

7.1.4　与

积木用于连接两个六边形积木（布尔积木），因此这两个六边形积木都必须为 true 才能返回 true；否则返回 false。

1.　用例脚本

积木用于检查两个或多个条件是否同时为真。示例如下：

- 如果"我正在面临火灾（用"碰到颜色为黄色"积木表示）并且没有我的盾牌（用"造型编号为 2"积木表示），那么就会失去健康（执行"将生命值增加 –1"的积木）。"；

- 如果鼠标被按下同时按钮碰到鼠标指针，则说明按钮被单击了。

1.　相关积木

欲了解更多，请参考本书第 7.1.5 节的 积木。

7.1.5　或

积木用于连接两个六边形积木（布尔积木），因此它们中的任何一个都可以返回 true 或 false。如果其中至少有一个为 true，则积木返回 true；如果它们都不是真的，则返回 false。

1.　用例脚本

"或"积木可以嵌套使用，从而容纳更多的六边形积木（布尔积木）。

下面的示例脚本询问用户最喜欢的颜色。如果是"蓝色"或"红色"则会给出一个响应；如果是其他任何内容，则会给出另一个响应。

2. 相关积木

欲了解更多，请参考本书第 7.1.4 节的 与 积木。

7.1.6 不成立

不成立 积木用于检查其中的布尔值是否为 false。如果值为 false，则积木返回 true；如果值为 true，则返回 false。

1. 用例脚本

"不成立"积木可用于"反转"布尔值。常见示例如下：

■ 确保没有按下按键；

■ 确保列表不包含某个项目。

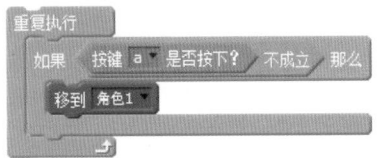

■ 确保变量不等于某个值；

7.2 圆角矩形运算积木

本节将介绍运算类积木里的 11 个圆角矩形积木。

7.2.1 加

＋ 积木用于添加两个值并报告结果。

1. 用例脚本

可以直接在其中输入数字，也可以嵌套使用圆角矩形积木。该积木常见用法如下：

■ 计算器脚本；

- 列表求和；

- 加法运算。

将 n ▾ 设定为 0
重复执行 数列 ▾ 的项目数 次
　将 n ▾ 增加 1
　将 求和 ▾ 设定为 第 n 项于 数列 ▾ + 求和

当 ▲ 被点击
询问 What's your name? 并等待
重复执行
　如果 回答 = 1+1 那么
　　说 1 + 1

- 数学公式；

边长1 + 边长2 + 边长3 + 边长4

2. 相关积木

欲了解更多，请参考本书第 7.2.2 节的 ◯+◯ 积木、第 7.2.3 节的 ◯*◯ 积木和第 7.2.4 节的 ◯/◯ 积木。

7.2.2 减

◯-◯ 积木用于从第一个值中减去第二个值并报告结果。

1. 用例脚本

可以直接在其中输入数字，也可以嵌套使用圆角矩形积木。该积木常见用法如下：

- 模拟计算器的脚本；

询问 请输入被减数： 并等待
将 被减数 ▾ 设定为 回答
询问 请输入减数： 并等待
说 连接 结果= 和 被减数 - 回答

- 创建一个简洁的按钮；

当 ▲ 被点击
将 播放 ▾ 设定为 1

当角色被点击时
将 播放 ▾ 设定为 3 - 播放
如果 播放 = 1 那么
　播放声音 这是一首歌 ▾
否则
　停播所有声音

- 数学公式。

说 连接 另一个加数= 和 和 - 一个加数

2. 相关积木
欲了解更多，请参考本书第 7.2.1 节的 ◯+◯ 积木、第 7.2.3 节的 ◯*◯ 积木和第 7.2.4 节的 ◯/◯ 积木。

7.2.3 乘

◯*◯ 积木用于将两个值相乘并报告结果。它同样可以嵌套使用，这样可以适应更多的数字或计算

指数。

1. 用例脚本

项目中如果数字必须相乘，则可以用"乘"积木，它的常见用法如下：

■ 模拟计算器的脚本；

■ 数列各项的乘积；

■ 数学公式；

▶勾股定理

■ 得分的乘数；

■ 速率；

▶模拟摩擦减速

■ 3D 项目。

2. 相关积木

欲了解更多，请参考本书第 7.2.1 节的 积木、第 7.2.2 节的 积木和第 7.2.4 节的 积木。

7.2.4 除

积木用于将左边的数除以右边的数，并报告结果。如果第一个值不能被第二个值整除，则报告的值将具有小数。要查找余数，请使用 积木。

可以直接在 积木中输入数字，也可以使用其他圆角矩形积木（报告积木）。当然也可以堆叠在自身内部，就像接火车一样，这可以用来装入更多的数字。

1. 用例脚本

项目中如果要用到除法运算， 积木必不可少，它的一些常见用法如下：

■ 模拟计算器的脚本；

> 如果 运算 = 除法 那么
>   将 结果▼ 设定为 被除数 / 除数

■ 处理列表项目；

> 将 i▼ 设定为 0
> 重复执行 列表▼ 的项目数 次
>   替换第 i 项于 列表▼ 为 将 第 i 项于 列表▼ / 2 四舍五入

■ 数学公式。

> 将 面积▼ 设定为 底 * 高 / 2   ▶三角形面积公式

2. 相关积木

欲了解更多，请参考本书第 7.2.1 节的 (+) 积木、第 7.2.2 节的 (-) 积木和第 7.2.3 节的 (*) 积木。

7.2.5 将 [ ] 四舍五入

将 ● 四舍五入 积木用于将给定数字舍入为最接近的整数。它遵循四舍五入的标准规则：将 .5 或更高的小数向上进位，而将小于 .5 的小数舍掉。

1. 用例脚本

"四舍五入"积木的一些常见用法如下：

■ 模拟计算器的四舍五入功能；

> 定义 计算
>   如果 运算 = 加法 那么
>   将 结果▼ 设定为 数1 + 数2
>   如果 运算 = 四舍五入 那么
>   将 结果▼ 设定为 将 数3 四舍五入

> 当角色被点击时   ▶角色相当于"="按钮
> 计算

■ 检查数字是否大致相等；

将 近似? 设定为 绝对值 将 数1 四舍五入 - 将 数2 四舍五入   ▶ 众多方法之一

■ 在游戏中将得分进位或舍为最接近的整数；

将 得分 设定为 将 得分 四舍五入

■ 去零存整；

将 得分 设定为 将 得分 - 0.5 四舍五入   ▶ 去零存整

■ 对重复执行次数四舍五入，因为该值必须是整数；

重复执行 将 2.34564 四舍五入 次

■ 吸附参考线；

当 被点击
重复执行
移到 x: 将 x 坐标 四舍五入 * 25 y: 将 y 坐标 四舍五入 * 25

■ 将光标定位在基于图块的游戏中，例如 Minesweeper。

7.2.6 [ ] 除以 [ ] 的余数

当第一个值除以第二个值时，○除以○的余数 积木将报告除法的余数。例如，当第一个输入值为
10，第二个输入值为 3 时，积木将报告 1，即 10 除以 3 得到余数 1。

1. 用例脚本

○除以○的余数 积木的常用场景如下：

■ 检测一个数是否能被另外一个数整除；   ■ 检测一个数是否是整数；

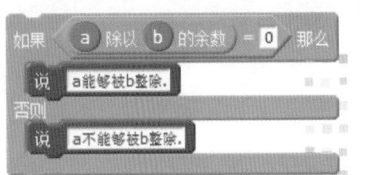   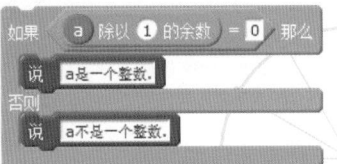

■ 检测一个数是奇数还是偶数；

■ 反复遍历列表；

■ 滚动时重复使用背景式角色。

2. 相关积木

欲了解更多，请参考本书第 7.2.4 节的 积木。

7.2.7 [world] 的长度

world 的长度 积木用于报告给定字符串所包含的字符数。在字符串中，空格也被当作字符处理。在某些项目中，可以根据值的长度发生不同的事件。

1. 用例脚本

该积木的一些常见应用如下：

■ 检测姓名长度；

■ 检测玩家得分有多少位数；

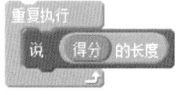

■ 聊天机器人根据输入的消息长度，可能会出现不同的消息。

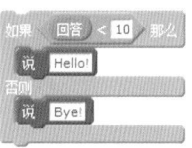

2. 相关积木

欲了解更多，请参考本书第 6.4.9 节的 列表 的项目数 积木。

7.2.8 [平方根][9]

平方根 9 积木用于对给定的数字执行指定的函数，并报告结果。单击向下箭头并从下拉菜单中选择新函数，从而更改函数。

1. 用例脚本

在 Scratch 中，如果没有 平方根 9 积木，高级计算器将很难编程；它执行许多功能，可能很难用其他积木替换。该积木的一些常见用法如下：

- 计算器脚本；
- 对数字执行函数以创建不可预测的值；
- 数学公式；
- 用笔制作图案；
- 计算游戏分数；
- 计算点之间的距离；
- 确定多边形（尤其是三角形）的边长和角度测量；
- 使用十进制以外的数字基数。

7.2.9 在 [1] 到 [10] 之间随机选一个数

在 1 到 10 间随机选一个数 积木用于从给定的第一个数到第二个数之间（包括两个端点），选择一个伪随机数。

如果两个数字都没有小数，在 1 到 10 间随机选一个数 积木将报告整数。例如，如果 1 和 3 是两个限制端点，则该积木可以返回 1、2 或 3。

如果其中一个数字有小数点，甚至是 .0，则报告带小数的数字。例如，如果给出 0.1 和 0.14，则输出将为 0.1、0.11、0.12、0.13 或 0.14。

在 1 到 10 间随机选一个数 积木给出的数字并不是真正随机的，它们只是不可预测的数字。而使用计算机生成真正的随机数几乎是不可能的。

1. 用例脚本

在许多类型的项目中，必须选择随机数。利用 在 1 到 10 间随机选一个数 积木就很容易做到，而不需要其他复杂的脚本。在 1 到 10 间随机选一个数 的一些常见用法如下：

- 创建随机等级；

■ 设置随机统计数据；

■ 选择随机对象；

■ 随机选择角色的造型。

7.2.10 连接 [hello] 和 [world]

连接 hello 和 world 积木用于拼接两个值，并报告结果。例如，如果 hello 和 world 被放入该积木中，它将报告 helloworld。要报告 hello,world，请使用"hello,"和"world"或"hello"和",world"，并使用空格。

1. 用例脚本

连接 hello 和 world 积木可以将单词、数字、句子等任何两个值连接在一起。它的常见用法如下：

连接词语和变量以创建句子；

■ 在变量中放置一个变量；

说 连接 你的得分是 和 连接 得分 和 .

■ 一种否定正数的简单方法；

将 变量 ▼ 设定为 连接 - 和 数1

┌─────────────────────────────────┐
│ **注意**：这不适用于已经是负数的数字。 │
└─────────────────────────────────┘

■ 使用画笔颜色的十六进制输入。

7.2.11 第 [1] 个字符：[world]

第 1 个字符：world 积木用于报告给定文本的指定字符，即使积木表示"字母"，它也会报告所有字符，包括字母、数字、符号甚至空格。该积木也可用于编写时间或显示分数。

1. 用例脚本

项目中，如果必须从文本中间读取一个值，则 第 1 个字符：world 积木可以胜任。该积木的常见用法如下：

■ 与 回答 积木一起使用，找一些有关回答里的东西；

```
如果 第 1 个字符 回答 = b 那么
  说 这也是我喜欢的字符! 2 秒
否则
  说 有意思. 2 秒
```

■ 在一串文本中间查找数字；

```
如果 数组 包含 第 n 个字符： 回答 ? 那么
  说 数 2 秒
否则
  说 字母或标点 2 秒
```

■ 判断字符串中的某个字母是否等于某个值；

```
如果 第 测试 个字符： 回答 = b 那么
  停止 全部 ▼
```

■ 报告用户名中的特定字母。

```
如果 第 1 个字符： 用户名 = b 那么
  说 你姓名的第一个字母是b. □ 2 秒
```

2. 相关积木

欲了解更多，请参考本书第 6.4.8 节的 第 1 项于 列表 积木。

7.3 编程挑战——简易计算器

7.3.1 项目简介

项目名：简易计算器。

生活中，我们无处不与计算打交道。加、减、乘、除四则运算是我们最常用到的运算法则。现在，你能运用 Scratch 设计一个简易的计算器吗？

这个简易的计算器要能实时显示你的输入算式，并能在按"="键后显示计算结果，按"C"键清空屏幕。

本例效果如图 7.3 所示。

读者可以结合配书资源中的案例制作视频完成本项目，也可以观看配书资源中的案例运行效果视频。

图 7.3 简易计算器

7.3.2 操作说明

比如，要计算 3.4 + 4 = ，只需要依次按 3、.、4、+、4 和 =。重新开始下一个计算，只需按 C 键即可。

7.3.3 编程指导

这个简易的计算器对于初学者来说可能有一定的难度。下面来分析一下此项目的要点。

计算器工作过程无非就是获取用户的输入，并根据用户的输入数据，做出相应的逻辑处理，最后将计算结果反馈给用户也即显示在计算器显示屏上。

上面的算式"3.4 + 4 ="即是用户输入，其中，"+"是运算符，"+"左右两边都是数字。可以用一个变量，如 运算符，存储用户输入的运算符；分别用两个变量，如 数字 和 数字2，存储运算符两边的数字；将最终的运算结果存储到变量 结果 中。用于屏幕上显示用户的每次输入，可以专门存储到一个变量中，如 输入显示。那么，如何让计算器"智能地"识别并准确地将用户输入存储到相应的变量中呢？很简单，根据变量 运算符 进行条件判断即可。脚本如下：

```
如果 运算符 = 0 那么
    将 数字 设定为 连接 数字 和 4
否则
    将 数字2 设定为 连接 数字2 和 4
```

如上面的脚本所示，如果"4"被按下，就执行上面的脚本。如果变量 运算符 的值等于 0，说明用户一直在输入左边的数字；如果变量 运算符 的值不等于 0（即 +、−、*、/ 中的任何一个），说明用户想输入的是右边的数字。通过这段脚本，计算器就可以"智能地"识别用户的输入。

正确地存储用户的输入问题解决了，接着来分析如何完成数字的运算。用户按"="按钮后，应该根据变量 运算符 的值进行运算。脚本如下：

■ 等号：

7.3.4　改编建议

有如下两个改编建议：

■ 改编计算器外观；

■ 添加其他功能，如显示时间等。

7.4　本章小结

运算积木是执行数学函数和字符串处理的积木。Scratch 2.0 中共有 17 个运算积木，分析如下。

6 个六边形运算积木：

- ▪ （ < ）——检查值是否小于另一个值的条件；
- ▪ （ = ）——检查两个值是否相等的条件；
- ▪ （ > ）——检查一个值是否大于另一个值的条件；
- ▪ （ 与 ）——加入两个条件；
- ▪ （ 或 ）——加入两个条件，但它们分别起作用；
- ▪ （ 不成立 ）——如果条件为 false，则检查条件是 true。

11 个圆角矩形运算积木：

- ▪ （ + ）——加法的值；
- ▪ （ - ）——减法的值；
- ▪ （ * ）——乘法的值；
- ▪ （ / ）——除法的值；
- ▪ （ 在 1 到 10 间随机选一个数 ）——在两个限制之间选取一个随机数；
- ▪ （ 连接 hello 和 world ）——拼接两个值；
- ▪ （ 第 1 个字符: world ）——报告给定文本的指定字符；
- ▪ （ world 的长度 ）——指定字符的长度；
- ▪ （ 除以 的余数 ）——除法的取余运算；
- ▪ （ 将 四舍五入 ）——四舍五入运算；
- ▪ （ 平方根 9 ）——绝对值(abs)、平方根(sqrt)、正弦函数(sin)、余弦函数(cos)、正切函数(tan)、反正弦函数(asin)、反余弦函数(acos)、反正切函数(atan)、自然对数(ln)、对数(log)、指数函数（ e ^ ）和指定值为基数 10 的指数函数（ 10^ ）。

侦测积木

侦测（传感）积木用浅蓝色标识，用于检测项目的不同因素。侦测积木与角色和舞台检测条件相关联。例如，侦测积木可用于检测一个角色何时接触另一个角色。侦测积木由许多布尔值组成，可以使用控制积木来稳定项目的流程。目前有 20 个侦测积木：4 个矩形积木、5 个六边形积木和 11 个圆角矩形积木。

8.1 矩形侦测积木

Scratch 2.0 中的侦测积木包含 4 个矩形积木，如图 8.1 所示；5 个六边形积木，如图 8.2 所示；11 个圆角矩形积木，如图 8.3 所示。

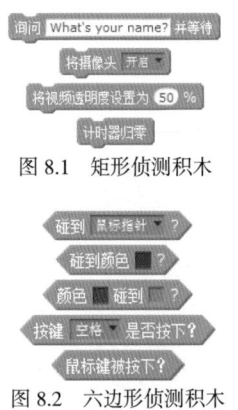

图 8.1 矩形侦测积木

图 8.2 六边形侦测积木

图 8.3 圆角矩形侦测积木

8.1.1 询问 [What's your name?] 并等待

询问 [What's your name?] 并等待 积木将在屏幕底部显示一个输入框（上面带有指定的文本）。用户可以在其

中输入文本并提交，然后将输入存储在  回答 积木中。回答 积木自动更新到最近一次的输入。

1. 用例脚本

由于 询问 What's your name? 并等待 积木允许用户输入他们想要的任何文本，因此当用户必须与项目通信时，它被广泛使用。常见示例如下：

■ 聊天机器人——从用户处接收信息；

■ 接收输入——要求用户发出命令。

■ 设置首选项——坐标、颜色等；

2. 相关积木

欲了解更多，请参考本书第 8.3.6 节的 回答 积木。

8.1.2 将摄像头 [开启]

将摄像头 开启 积木可以根据参数打开、关闭或水平翻转网络摄像头。在 Scratch 2.0 alpha 中，它被归类为一个外观积木。

> **注意：** 此积木可以打开计算机的网络摄像头。如果认为网络摄像头不安全，请避免使用此积木，或单击 Adobe Flash Player 上的 "拒绝" 警告（如果弹出该警告）。

1. 选项

该积木包含 3 个下拉列表选项。

■ 开启：打开网络摄像头，以利用 Scratch 2.0 中的动作感应功能；

■ 关闭：关闭网络摄像头，将导致粘贴在舞台上的恒定胶片被移除；

■ 以左右翻转模式开启：打开网络摄像头，但以水平翻转的形式显示视频素材。此选项在舞台中不可用，仅在角色中可用。

2. 用例脚本

此积木的常见用途如下：

- 向用户显示他们自己的样子（自拍）；

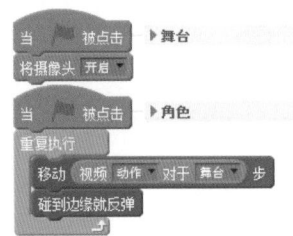

- 打开视频，将动作像 X-box 的动力游戏一样使用。

3. 相关积木

欲了解更多，请参考本书第 8.1.3 节的 将视频透明度设置为 50 % 积木和第 8.3.10 节的 视频 动作 对于 当前角色 积木。

8.1.3 将视频透明度设置为 [50]%

将视频透明度设置为 50 % 积木将视频流的透明度设置为特定值。在 Scratch 2.0 alpha 中，它被归类为一个外观积木。

1. 用例脚本

此积木的常见用途如下：

- 让视频成为背景的一部分；

将摄像头 开启
将视频透明度设置为 50 %

- 使用值时隐藏视频。

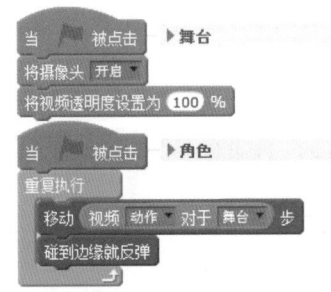

2. 相关积木

欲了解更多，请参考本书第 8.1.2 节的 将摄像头 开启 积木和第 8.3.10 节的 视频 动作 对于 当前角色 积木。

8.1.4 计时器归零

计时器归零 积木将计时器的值设置为 0。当该积木存在时，项目通常使用 计时器 积木输出积木；通常，定时器必须在项目开始时复位，以使 计时器 积木保持正确的值。

<

1. 用例脚本

没有专门的积木可以将计时器设置为指定值，只能使用  积木将计时器专门设置为 0。

- 项目启动时，将计时器重置；

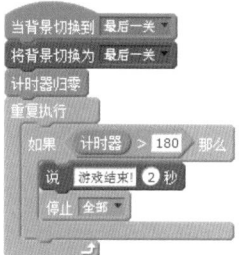

- 重置计时器以计时游戏的每个级别；

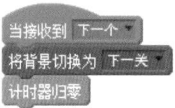

- 停止后使用动作。

- 定时处理各种事情，并在必要时重置；

上面的一段脚本片段，展示了在按下●按钮后，项目停止后还可以做一些事情。

第一个脚本使计时器始终保持为 0。一旦项目停止，第一个脚本将停止，但允许计时器继续。第二个脚本等待条件成立，从而运行脚本。在更新的脚本上，将变量加 0.1，因此当项目停止时，变量会停止更新，但计时器会继续。

2. 相关积木

欲了解更多，请参考本书第 8.3.11 节的 计时器 积木。

8.2 六边形侦测积木

本节将介绍侦测类积木的 5 个六边形积木。

8.2.1 碰到 [鼠标指针] ？

碰到 鼠标指针 ? 积木用于检查其角色是否正在触碰所选对象（鼠标指针、边缘或角色）。如果角色正在触碰所选对象，则该积木返回 true；如果不是，则返回 false。

当所选对象是角色且该角色是隐藏的时，此积木的行为会有所不同。它会返回 false，但是它仍会检测到鼠标指针和边缘。

1. 用例脚本

积木被广泛用于碰撞检测。一些常见用途如下：

■ 移动角色直到它触及屏幕边缘；

■ 有一个角色 A 追逐另一个角色 B，直到追逐者 A 接触到角色 B；

■ 当子弹撞到墙壁时阻止；

■ 在迷宫中，感知一个角色是否已经到了死胡同；

■ 检查角色是否正在触碰鼠标指针；

■ 检查玩家是否在游戏中触及了敌人。

2. 克隆体碰到克隆体

通常，大多数以其他角色为目标的积木不会对其中一个角色的克隆体起作用，而是对父角色起作用。但是，有了这个积木，如果 积木在角色 1 的一个克隆体中使用，它不仅会在触碰父角色时报告为真，而且在触碰任何克隆时也会报告。

3. 相关建议

一些 Scratchers（Scratch 爱好者）希望有一个积木来检测两个不同的角色是否在接触。这种积木的优点在于它赋予第 3 个角色能够感知另外两个角色是否正在接触。

类似于 角色1 碰到 角色2 ? 的但是 Scratch 并没有提供类似于 角色1 碰到 角色2 ? 的积木，我们可以使用全局变量替代，其中一个触碰角色检查并设置值，如下所示。

当接收到 检查触碰 ▼ ▶角色1中
如果 碰到 角色2 ▼ ? 那么
    将 角色1触碰角色2了吗? ▼ 设定为 yes
否则
    将 角色1触碰角色2了吗? ▼ 设定为 no

▶将它放在任何地方以检查触摸
广播 检查触碰 ▼ 并等待
如果 角色1触碰角色2了吗? = yes 那么
    ●●●
否则
    ●●●

8.2.2 碰到颜色■?

碰到颜色 ■ ?积木用于检查其角色是否触碰指定的颜色。如果是,则积木返回 true。该积木被广泛用于碰撞检测。

1. 参数

可以通过以下任意一种方式输入要检测的颜色。

方式一:单击积木的颜色样本,然后将鼠标指针移动到所需的颜色上单击。移动鼠标时,颜色样本会不断更新以反映鼠标指针下的颜色。找到所需的颜色后单击,将其设置为颜色样本(请注意,如果指针偏离 Scratch 项目的边缘,则样本将停止响应)。例如,如果鼠标指针在单击鼠标时超过蓝色,则颜色样本将变为蓝色。

方式二:将运算积木放入颜色样本中,格式如下。

碰到颜色 r * 65536 + g * 256 + b ?

其中,r、g 和 b 分别是红色、绿色和蓝色的标准值。

2. 注意事项

碰到颜色 ■ ?积木会产生意外 / 不需要的结果。

■ 内置限制;

值得注意的是,如果 碰到颜色 ■ ?积木的角色没有触及指定的颜色,则积木并不总是返回 false。这是因为 Scratch 中的色彩感应具有内置限制,这减少了处理时间。虽然舞台可以显示超过 1600 万种颜色,但 Scratch 只能正确处理少得多的颜色。这意味着当 碰到颜色 ■ ?积木检测到与指定颜色不同(但类似）的颜色时，通常会返回"误报"。许多 Scratchers 可能不会注意到这种现象，但想要绝对精确检测颜色的人应该记住 Scratch 限制。

■ 抗拒齿；

对于某些图形，它们在 Scratch Paint Editor 中看起来有清晰的边缘，在舞台上也会受到抗锯齿处理。这意味着，在选择颜色时，必须注意不要错误地选择半透明边缘像素。

■ 性能。

Scratchers 考虑使用 <碰到颜色?> 积木时，它的执行速度比 <碰到 鼠标指针?> 积木慢。如果将 自定义 积木设置为在没有屏幕刷新的情况下运行，但在相同的自定义积木中，<碰到 鼠标指针?> 积木将以更大的幅度超越 <碰到颜色?> 积木。

3. 用例脚本

常见用途如下：

■ 移动角色直到接触到颜色；

■ 让角色碰到一种颜色就会做某件事。例如，如果角色接触到蓝色（水），它会以特定的方式做出反应；

■ 如果子弹击中特定颜色的墙壁，则停止子弹；

■ 探测一个角色是否在迷宫中遇到了死胡同；

■ 防止角色穿过墙壁；

■ 触碰颜色时结束游戏。

4. 相关积木

欲了解更多，请参考本书第 8.2.3 节的 <颜色 碰到?> 积木。

8.2.3 颜色■碰到■?

<颜色 碰到?> 积木用于检查其角色上的颜色是否正在触碰另一种颜色。如果是，则积木返回 true。

1. 用例脚本

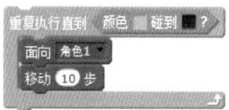积木广泛用于碰撞检测。该积木的常见用法如下：

■ 移动角色直到其角色上的颜色■接触到颜色■；

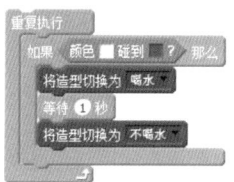

■ 如果角色上的颜色接触到另一种颜色，例如，如果角色的（白色）嘴接触（蓝色）水，它会喝一些水；

■ 如果子弹击中特定颜色的墙壁，则停止子弹飞行；

■ 探测一个角色是否在迷宫中遇到了死胡同。

2. 相关积木

欲了解更多，请参考本书第 8.2.2 节的 碰到颜色 ■? 积木。

8.2.4 按键 [空格] 是否被按下？

按键 空格 是否按下? 积木用于检查是否按下了指定的键。如果是，则该积木返回 true；如果不是，则返回 false。

可在此积木中使用的键包括 26 个英文字母（a、b、c 等）、数字键（0、1、2 等）、箭头键（←↑→↓）、空格键或任意键。

1. 用例脚本

由于此积木用于检查是否正在按下某个键，因此它对于控制对象非常有用，尤其是使用一个角色一个脚本项目（One Sprite One Script Projects）时。如果项目需要按键输入，则此积木可用于替换 当按下 空格 键 积木，因为鸭舌帽积木不能在脚本中间使用。

Scratch 趣味编程：陪孩子像搭积木一样学编程

■ 控制一个角色；

■ 在幻灯片中更改幻灯片或更改角色所说的内容；

2. 相关积木

欲了解更多，请参考本书第 4.3.2 节的 当按下 空格 键 积木。

■ 探测滚动（仅限离线编辑器）。

与 按键 空格 是否按下？ 积木对应的 当按下 空格 键 积木用于感应滚轮及上 / 下键。结合这两个积木，可以感知有人正在使用滚轮。以下脚本是执行此操作的一种方法。

当滚轮向上滚动时，操作完成。如果按下的按键积木被更改为向下箭头时，将感知滚轮何时向下滚动。

■ 文字处理器（不再举例）；

■ 移动物体（不再举例）。

8.2.5 鼠标键被按下？

鼠标键被按下？ 积木用于检查计算机鼠标的主按键是否被激活（被单击并保持）。

1. 用例脚本

当该积木检查鼠标是否被单击时，可以在任何地方模拟单击，甚至在脚本区域；如果项目需要单击，则此积木可用于替换 当按下 空格 键 积木，因为鸭舌帽积木不能在脚本中间使用。

鼠标键被按下？ 积木的一些常见用途如下：

■ 感应鼠标按键何时松开；

94

■ 记录鼠标单击;

■ 检测鼠标是否按住了某个角色;

■ 感应物体被拖动。

2. 相关积木

欲了解更多，请参考本书第 8.3.7 节的 鼠标的x坐标 积木和第 8.3.8 节的 鼠标的y坐标 积木。

8.3 圆角矩形侦测积木

本节将介绍侦测类积木中的 11 个圆角矩形积木。

8.3.1 [x 坐标] 对于 [角色 1]

x 坐标 对于 角色1 积木用于报告指定角色或舞台的指定值。以下是可以报告的值:

■ X 轴坐标;

■ Y 轴坐标;

■ 方向;

■ 造型 / 背景编号;

■ 造型 / 背景名称;

■ 大小;

■ 音量;

■ 指定角色的局部变量。

如果此积木在具有克隆体的角色（父角色）上使用，则报告的值将是原始角色（父角色），而不是克隆体。这使得无法使用此积木访问有关克隆体的信息。

1．用例脚本

此积木允许角色和舞台访问其他角色的特殊值。有了这个功能，项目可以在角色之间有很多连接。一些常见的用途如下：

■ 通过将 X 轴和 Y 轴位置设置为另一个值，再加上或减去一定量，使角色跟随另一个角色；

■ 等待不同的角色达到某种造型；

■ 检查音量，以相应地调整角色自己的音量。

8.3.2　目前的时间［分］

目前时间的［分］积木用于报告本地的当前年份、月份、日期、星期几、小时、分钟或秒，具体取决于参数。该积木根据用户计算机上的时钟获取数据，并使用 24 小时的时间格式，它是 Scratch 2.0 中添加的两个日期／时间积木之一。另一个积木是自2000年至今的天数，用于报告自 2000 年 1 月 1 日以来的天数。

1．用例脚本

可以通过以下几种方式使用该积木：

■ 创建时钟或日历；

■ 在特定日期之前或之后使某些功能不可用；

■ 高分列表上的时间戳。

2. 相关积木

欲了解更多，请参考本书第 8.3.3 节的 自2000年至今的天数 积木。

8.3.3 自 2000 年至今的天数

自2000年至今的天数 积木用于报告自 2000 年 1 月 1 日 00:00:00（UTC）以来的天数（以及一天中的一小部分），并且是 Scratch Days 积木的替代品。该积木从未正式发布 2.0 版本，它是 Scratch 中的两个日期 / 时间积木之一。另一个积木是 目前时间的 分 ，用于报告当前的日期或时间。这两个积木可以相互协同工作，用于各种与时间相关的脚本和项目。

1. 用例脚本

可以通过以下几种方式使用 自2000年至今的天数 积木：

■ 倒计时；

■ 在特定日期之前或之后使某些功能不可用；

```
如果  自2000年至今的天数 < 5845  那么
    将  钱 ▼ 增加 1000
否则
    说  此功能在2019年之前无法使用.
```

■ 与项目相对应的现实生活事件。

```
定义 从现在起标记 事件 的 天数
将  自2000年至今的天数 + 天数  加到 事件日期列表 ▼
将  事件  加到 事件名称列表 ▼

定义 搜索 事件 日历
将  i ▼ 设定为 0
重复执行直到  i > 事件名称列表 ▼ 的项目数  或  第 i 项于 事件名称列表 ▼ = 事件
    将  i ▼ 增加 1
如果  i > 事件日期列表 ▼ 的项目数  那么
    将  输出 ▼ 设定为 连接 你要找的 和 连接 事件 和 不存在.
否则
    如果  i = 事件日期列表 ▼ 的项目数  那么
        将  输出 ▼ 设定为 连接 事件 和 就是今天!
    否则
        将  输出 ▼ 设定为 连接 事件 和 连接 发生在 和 连接 自2000年至今的天数 - 第 i 项于 事件名称列表 ▼ 和 天前.
```

2. 相关积木

欲了解更多，请参考本书第 8.3.2 节的 目前时间的 分 ▼ 积木。

8.3.4 用户名

用户名 积木用于报告查看项目的用户的用户名，可用于保存项目的进度，可以使用变量编码器或云列表（一旦它们与字符串存储功能一起发布）等。如果没有用户登录，则此积木返回空字符串。常见用途如下：

■ 对观看项目的用户打招呼；

■ 检查浏览者是否已登录；

- 安全聊天中的"管理员"列表；

- 创建高分列表。

> **注意：** 云变量包括云列表，因为需要通过在线编辑器编辑并存储在服务器上，所以离线编辑器是无法编辑云变量的。

8.3.5 到[鼠标指针]的距离

到 鼠标指针 的距离 积木用于报告它与鼠标指针或指定角色的造型中心之间的欧几里德距离（以像素为单位）。如果积木的下拉列表中没有任何内容，或者删除的角色仍在下拉列表中，则会将距离报告为 0。

由于此积木可以给出物体之间的距离，因此在需要大量精确探测和移动的项目中非常有用。它的一些常见用法如下：

- 估计何时发生碰撞；

```
如果 到 鼠标指针 的距离 < 40 那么
    说 Hello!
    在 碰到 篮球 ? 之前一直等待
    说 □
    停止 全部
```

- 从远处判断，帮助确定角色在某处移动需要多长时间；

```
将 移动 设定为 向上取整 到 流星 的距离 / 10
```

- 确定火箭应该射多远；

```
将 实际距离 设定为 连接 到 小行星 的距离 * 10000 和 公里
```

- 检测不可见角色的距离并将分数显示出来；

```
将 得分 增加 1800 - 10 * 到 靶心 的距离
```

- 从一个角色旁边移动另一个角色时，进行变量更改。

```
重复执行
    将 安全度 设定为 100 - 到 鼠标指针 的距离 / 3
```

8.3.6 回答

回答 积木用于保存从 询问 What's your name? 并等待 积木得到的最新的输入文本。当还没有输入任何内容时，该值将保持不变。此积木可以显示为舞台监视器。

1. 用例脚本

由于 回答 积木可存储插补文本，因此在脚本必须引用已输入的内容时非常有用。例如，有的聊

天机器人要求 Scratcher 输入他们的名字，如果脚本需要查看名称，则可以使用此积木。

回答 积木的常见用途如下：

- 存储信息，例如，在需要输入名称的项目中；
- 转存信息；

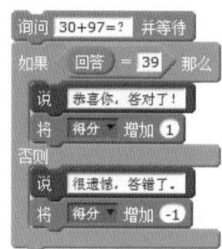

- 检索信息，例如，必须检索名称时；

- 测验时。

2. 相关积木

欲了解更多，请参考本书第 8.1.1 节的 询问 What's your name? 并等待 积木。

8.3.7 鼠标的 x 坐标

鼠标的x坐标 积木用于保存（报告）鼠标指针的当前 X 坐标值。

1. 用例脚本

由于 鼠标的x坐标 积木有助于报告鼠标指针的当前位置，因此在使用鼠标进行感应时非常有用。它的一些常见用法如下：

- 根据鼠标指针的位置，执行不同的操作；

- 帮助制作虚拟滑块；

- 给出鼠标指针的位置。

2. 相关积木

欲了解更多，请参考本书第 8.3.8 节的 鼠标的y坐标 积木。

8.3.8 鼠标的 y 坐标

鼠标的y坐标 积木用于保存（报告）鼠标指针的当前 Y 轴坐标值。

1. 用例脚本

由于 鼠标的y坐标 积木有助于报告鼠标指针的当前位置，因此在使用鼠标进行感知时非常有用。它的一些常见用法如下：

■ 制作虚拟滑块；

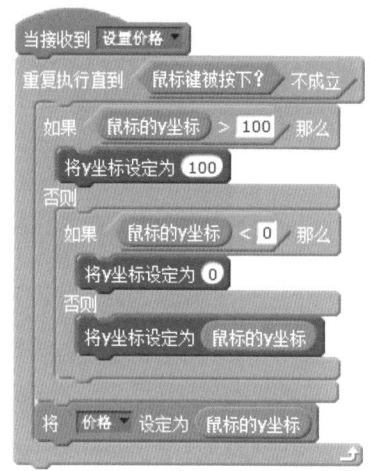

■ 给出鼠标指针的位置；

■ 制作对象捕捉到的网格；

■ 按钮；

■ 向鼠标指针添加动画。

2. 相关积木

欲了解更多，请参考本书第 8.3.7 节的 鼠标的x坐标 积木。

8.3.9 响度

响度 积木用于报告麦克风接收的噪音有多大，范围为 0~100 分贝。要使用此积木，必须使用麦克风，因此屏幕上会显示一条消息，要求获得使用麦克风的权限。如果我们拒绝此请求，该积木将报告响度为 0 或 -1。如果我们的机器没有麦克风，插入麦克风端口的耳塞也可以正常工作。此积木可以显示为舞台监视器。

1. 用例脚本

在项目中，当测量噪声音量需要精确度时，响度 积木是更好的选择。该积木常见的一些用法如下。

■ 语音分析仪：用户可以使角色对一定程度的响度做出反应；

■ 根据噪声的响度，脚本的响应越大；

■ 将麦克风的大小设置为噪声的响度；

■ 检测音量变化的项目。

2. 相关积木

欲了解更多，请参考本书第 4.3.5 节的 积木。

8.3.10　视频 [动作] 对于 [当前角色]

积木根据"光流"，计算并获取视频（动作或方向）的数值，这个值是相对于舞台或当前角色而言的。其中，动作以 1 ~ 100 的比例换算；方向在与角色方向相同的平面上测量。

1. 用例脚本

该积木一些常见用法如下：

■ 通过视频动作移动物体；

[在此插入图片]

■ 弹出气球；

[在此插入图片]

■ 结合响度感知更多动作。

[在此插入图片]

2. 相关积木

欲了解更多，请参考本书第 4.3.5 节的 、第 8.1.2 节的 和第 8.1.3 节的 积木。

8.3.11　计时器

当 Scratch 启动时， 积木从 0 开始逐渐增加；每秒增加 1。该积木几乎总是与复位计时器 积木一起使用——通常必须在项目开始时复位定时器，以使 积木保持正确的值。

计时器积木可以显示为舞台监视器，但它仅以十分之一的间隔显示。通过制作永久性地为计时器设置变量的脚本，可以使该值更加精确。

1. 用例脚本

计时器积木的一些常见用法如下：

■ 在一个角色、一个脚本的项目中跟踪持续时间，而不使用 `等待 1 秒` 积木——在一个角色、一个脚本的项目中，以保持单帧（滚动查看整个脚本）；

```
当 [旗帜] 被点击
将 [人物X ▾] 设定为 在 (-240) 到 (240) 间随机选一个数
将 [人物Y ▾] 设定为 在 (-180) 到 (180) 间随机选一个数
隐藏
重复执行
    将造型切换为 [鼠标指针 ▾]
    移到 x: (鼠标的x坐标) y: (鼠标的y坐标)
    图章
    将造型切换为 [隐藏人物 ▾]
    移到 x: (人物X) y: (人物Y)
    如果 <碰到 [鼠标指针 ▾]?> 与 <鼠标键被按下?> 那么
        显示
        说 [你找到我了！] 2 秒
        停止 [当前脚本 ▾]
    否则
        如果 <(计时器) > (5)> 那么
            计时器归零
            将 [人物X ▾] 设定为 在 (-240) 到 (240) 间随机选一个数
            将 [人物Y ▾] 设定为 在 (-180) 到 (180) 间随机选一个数
```

■ 通过变量的改变来反映按钮被按下的时间长度；

```
当角色被点击时                              ▶ 当按钮被点击时
计时器归零
将 [分数 ▾] 增加 (1)                        ▶ 第一次增加
在 <(计时器) > (.4)> 之前一直等待
重复执行直到 <<鼠标键被按下?> 不成立 或 <碰到 [鼠标指针 ▾]?> 不成立>   ▶ 按钮保持很长时间
    将 [分数 ▾] 增加 (1)      ▶ 快速增加分数
    等待 (.1) 秒             ▶ 稍微延迟
```

■ 显示 Scratcher 在项目中花费的时间（变量也可以用于此，但不准确）；

```
当接收到 [开始考试 ▾]
计时器归零
说 [别忘了看看计时器，看看你花了多少时间！] 2 秒
```

■ 检查是否有足够的时间进入项目的另一个阶段；

```
当接收到 [新的一关 ▾]
计时器归零

当接收到 [闯关结束 ▾]
如果 <(计时器) < (30)> 那么
    说 [你通过此关了！让我们进入下一关。] 2 秒
    广播 [新的一关 ▾]
否则
    说 [你没有在30秒内完成，继续努力哦！] 2 秒
    停止 [全部 ▾]
```

■ 多个计时器。

■ 可以使用变量模拟多个计时器，这些变量记录会话开始时的时间。

2. 相关积木

欲了解更多，请参考本书第 8.1.4 节的 计时器归零 积木。

8.4 编程挑战——变色龙

8.4.1 项目简介

项目名：变色龙。

变色龙是非常奇特的动物，因为它善于随环境的变化而随时改变自己身体的颜色。变色既有利于隐藏自己，又有利于捕捉猎物。你能用 Scratch 模拟变色龙变色的行为吗？

本例效果如图 8.4 所示。

读者可以结合配书资源中的案例制作视频完成本项目，也可以观看配书资源中的案例运行效果视频。

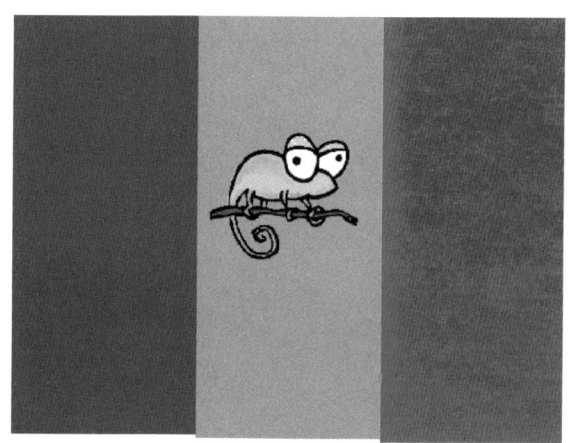

图 8.4　变色龙

8.4.2 操作说明

用方向键"→"和"←"控制变色龙左右移动。

8.4.3 编程指导

这个项目有两个关键点：如何侦测环境颜色？如何改变自身颜色？

侦测颜色可以用 碰到颜色 ？ 积木实现，改变自身颜色可以用 将 颜色 特效增加 25 积木实现。脚本如下：

变色龙：

8.4.4 改编建议

有如下两个改编建议：

■ 切换场景；

■ 增加变色龙的图像特效。

8.5 本章小结

侦测积木是检测事物的积木。Scratch 2.0 中有 20 个侦测积木，分别如下。

4 个侦测类矩形积木：

■ 询问 What's your name? 并等待 ——将出现一个输入框，输入值后可将值存储在 回答 变量中；

■ 将摄像头 开启 ——打开（或关闭）视频摄像头；

■ 将视频透明度设置为 50 % ——设置视频的透明度；

■ 计时器归零 ——重置计时器。

5 个侦测类六边形积木：

- <碰到 鼠标指针 ?>——检查角色是否正在触碰鼠标指针或其他角色的条件；
- <碰到颜色 ?>——检查角色是否接触特定颜色的条件；
- <颜色 碰到 ?>——检查角色上的颜色是否接触特定颜色的条件；
- <按键 空格 是否按下?>——检查是否按下了指定键的条件；
- <鼠标键被按下?>——检查鼠标是否已按下的条件。

11 个侦测类六边形积木：

- (x坐标 对于 角色1)——舞台或角色的 X 轴位置、Y 轴位置、方向、造型编号、造型名称、大小或音量；
- (当前时间的 分)——选择指定的时间单位；
- (自2000年至今的天数)——自 2000 年以来的天数；
- (用户名)——用户的用户名；
- (到 鼠标指针 的距离)——从角色到鼠标指针或到另一个角色的距离；
- (回答)——使用 (询问 What's your name? 并等待) 的最新输入；
- (鼠标的x坐标)——鼠标指针的 X 轴位置；
- (鼠标的y坐标)——鼠标指针的 Y 轴位置；
- (响度)——麦克风感应的噪音有多大；
- (视频 动作 对于 当前角色)——视频动作（或方向）对于当前角色的动作（或方向）；
- (计时器)——自 Scratch 程序打开或计时器重置以来已经过了多少时间。

第 9 章
运 动 积 木

角色的运动从数字化（代数）的角度来说，就是其位置和方向发生改变。

Scratch 是一款图形化编程软件，因其形象、直观的特点而深受人们的喜爱。可是计算机更喜欢抽象客观的数字。那么我们如何用数字表示一个角色在舞台上的位置和方向呢？为此 Scratch 引入了"平面直角坐标系"。

9.1 舞台的坐标系统

在舞台平面，由两条互相垂直并且交于一点（原点）的数轴组成平面直角坐标系。其中，横轴为 *X* 轴（橙色线），纵轴为 *Y* 轴（蓝色线），舞台的中心点为坐标原点，如图 9.1 所示。

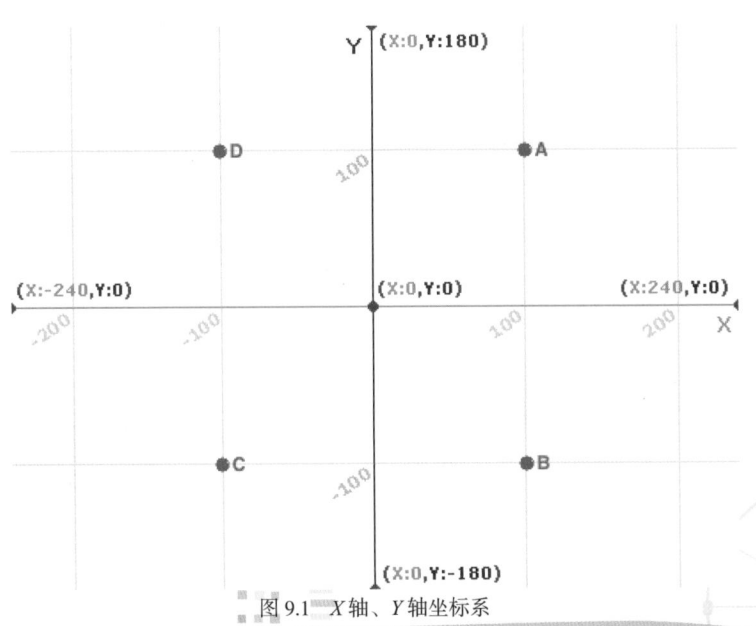

图 9.1 *X* 轴、*Y* 轴坐标系

9.1.1　点的坐标表示

直角坐标系建好后如何用它来表示点的位置呢？

通常，用一对有序数对表示平面上的点，这对数叫坐标。表示方法为 (a,b)，a 是点在 X 轴上对应的数值，取值范围为 –240 ~ 240；b 是点在 Y 轴上对应的数值，取值范围为 –180 ~ 180。水平 X 轴上，习惯上取向右为正方向，用"+"表示，通常可以省略不写；取向左为负方向，用"–"表示，不能省略；竖直 Y 轴上，取向上方向为正方向。

例如，图 9.1 上的 A 点坐标如何表示？从水平 X 轴方向看，A 点位于原点 (0,0) 右边的 100 处，即 X 为正方向，记为 100；从竖直 Y 轴方向看，A 点位于原点 (0,0) 上方的 100 处，即 Y 为正方向，记为 100。综上分析，可以得出 A 点的坐标为 (+100,+100)。同理，B 点的坐标可记为 (100,–100)；C 点的坐标可记为 (–100,100)；D 点的坐标可记为 (–100,100)。

9.1.2　造型中心点

引入了舞台平面直角坐标系，角色的每个造型相对于舞台的位置（原点）都可以用一个坐标点来表示。这个点被称之为"造型中心点"，也叫做"旋转中心点"。

需要注意的是，每个造型都有自己的造型中心点。造型中心点可以人为手动设置，并不是几何学意义上的几何中心点（尽管可以重合）。

在"造型编辑器"中，可以选择更改右上角的造型中心。单击十字准线，图像将在屏幕上显示跟随光标的十字准线，允许用户指定一个新的中心，如图 9.2 所示。

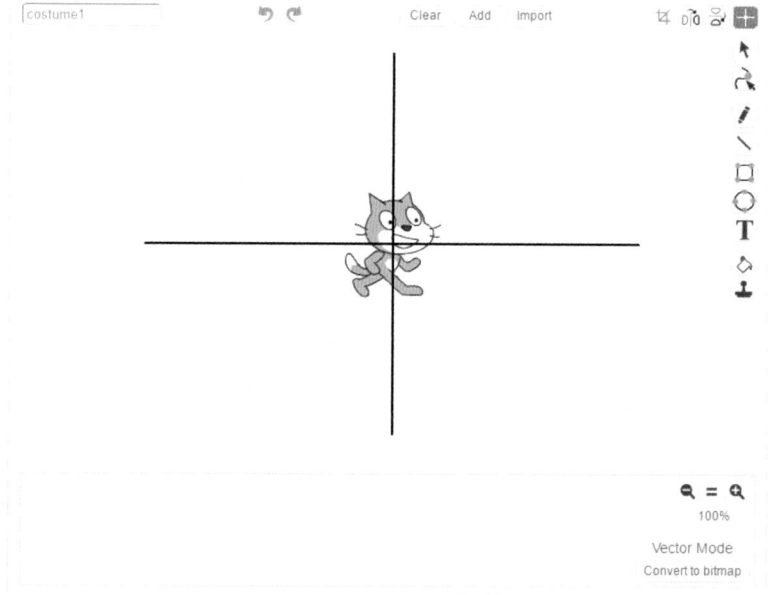

图 9.2　设置造型中心点

9.2 角色的方向系统

Scratch 使用与度数类似的角度测量，角色的方向值控制着角色旋转的角度（如图 9.3 所示）。它以度（°）为单位，范围为 –90°（向左）到 180°（向下）。方向的默认值为 90°（向右）。

每增加一个度数时，对应的角色顺时针旋转 1°。"0"表示"向上"，所以 90 的方向意味着角色在向上后转 90°（四分之一圈），因此指向右边。

负号"–"意味着逆时针旋转而不是顺时针旋转，所以 –90 表示向左，–180 表示向下，就和 +180 一样。

表 9.1 中列出了一些常见的角度及其方向。

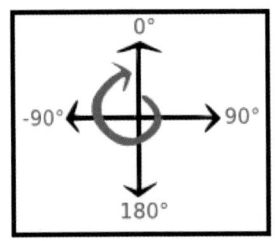

图 9.3 Scratch 使用的方向系统

表 9.1 常见的角度及其方向

度数	方向
–360°，0°，360°	向上
–270°，90°	向右
–180°，180°	向下
–90°，270°	向左

当方向大于 360° 时，角色指向方向值减去 360°。因此 400° 等同于 400°–360°=40°，720° 等价于 360° 也等价于 0°。

> 注意：角色是否实际旋转是由角色的旋转模式决定的。参见第 9.4.13 节的 将旋转模式设定为 左-右翻转

9.3 运动积木概述

运动积木是 Scratch 积木之一，用中蓝色（见图 9.4 中的蓝色）标识，用于控制角色的运动。它们仅适用于角色。运动积木主要与角色的 X 轴、Y 轴位置和方向有关，因为几乎所有的积木都对应于角色。舞台不包含任何运动积木，因为它是静止的对象。

Scratch 2.0 中的运动积木包含 14 个矩形积木（如图 9.4 所示）和 3 个圆角矩形积木（如图 9.5 所示）。

图 9.4 矩形运动积木   图 9.5 圆角矩形运动积木

9.4 矩形运动积木

本节将介绍运动类积木中的 14 个矩形积木。

9.4.1 移动 [10] 步

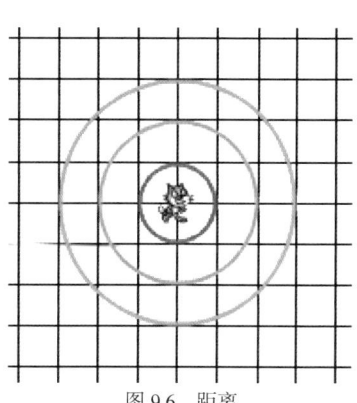

移动 10 步积木用于将角色向前移动到指向其面向的指定步数。一个步长等于一个像素长度，默认值为 10，可以替换为任何数字。

假设黑色网格显示的是单个像素位置，移动 1 步将 Scratch 猫带到红色圆圈内，其沿圆圈的最终位置取决于其方向，移动 2 步将 Scratch 猫带到橙色圆圈内，移动 3 步将 Scratch 猫带到绿色圆圈内，如图 9.6 所示。

图 9.6　距离

1. 用例脚本

在很多情况下，可以很容易地使用此积木向前移动角色，而不需要使用复杂的 将x坐标增加 10 和 将y坐标增加 10 积木。

该积木的一些常见用法如下：

■ 让角色移动；

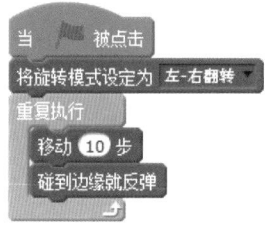

■ 在动画中向前移动角色；

■ 让一个角色跟随鼠标指针。

2. 相关积木

欲了解更多，请参考本书第 9.4.8 节的 将x坐标增加 10 积木、第 9.4.10 节的 将y坐标增加 10 积木和第 9.4.12 节的 碰到边缘就反弹 积木。

9.4.2 左 / 右转 [15] 度

右转 15 度 或 左转 15 度 积木用于将角色顺时针或逆时针旋转指定的度数（取决于使用的积木），这会改变角色所面对的方向。

这些积木使用 360° 的圆圈，默认值为 15，可以替换为任意数字（360° + x 的显示效果与 0° + x 的显示效果相同），如图 9.7 所示。

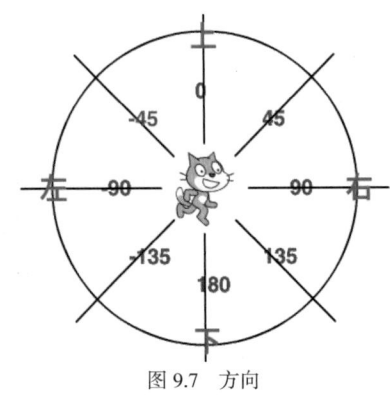

图 9.7　方向

1.　用例脚本

除了使用许多造型来产生旋转错觉或使用变通方法以外，右转 ↻ 15 度 积木和 左转 ↺ 15 度 积木是旋转角色最简单的方法。该积木的一些常见的用法如下。

- 简单旋转，例如行星和轮子；

- 动画，例如挥手；

- 可以转弯的车辆。

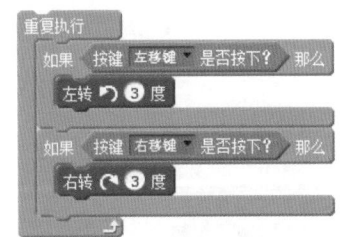

2.　相关积木

欲了解更多，请参考本书第 9.4.3 节的 面向 90° 方向 积木和第 9.5.1 节的 方向 积木。

9.4.3　面向 [90] 方向

面向 90° 方向 积木用于将角色指向指定的方向，这会使角色发生旋转。

该积木使用 360° 的圆圈，默认值为 90，可以替换为任何数字（360° + x 显示效果等同于 0° + x 的效果）。

由于 0 是面向上方而不是向右（默认方向）或向左（如量角器），并且它使用 −180° 到 180° 圈而不是普通的 360° 圈，因此存在一些涉及数字系统的混淆。尽管有人抱怨，但是 Scratch 没有做出任何改变。

1. 用例脚本

如果必须转动角色并且其方向未知，则可以使用  积木。一些常见用途如下：

■ 翻转角色；

■ 选择大炮的朝向；

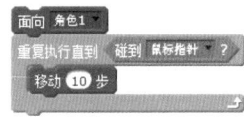

■ 将车辆指向目的地。

2. 相关积木

欲了解更多，请参考本书第 9.4.4 节的 面向 鼠标指针 积木。

9.4.4 面向 [鼠标指针]

面向 鼠标指针 积木用于根据其造型中心将角色指向鼠标指针或另一个角色，这会改变角色的方向并旋转角色。

1. 用例脚本

面向 90▼ 方向 积木中的"面向"不指向特定对象的角色，但是 面向 鼠标指针 积木可以将角色指向其他角色或鼠标指针。该积木的常见用途如下：

■ 不断地让角色面向鼠标指针；

■ 引导角色移动；

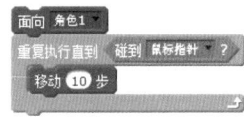

■ 指向项目中的目标。

2. 相关积木

欲了解更多，请参考本书第 9.4.3 节的 面向 90▼ 方向 积木和第 9.4.13 节的 将旋转模式设定为 左-右翻转▼ 积木。

9.4.5 移动到 x:[0] y:[0]

移到 x: 0 y: 0 积木用于将其角色的 X 轴和 Y 轴位置设置为指定的量。此积木等同于 将x坐标设定为 0 和将y坐标设定为 0 积木组合在一起。

移到 x: 0 y: 0 积木在运动中没有动画——这是在屏幕上移动角色而不显示任何动画（即滑动）的最简单方法。因此，只要角色需要跳转到另一个点，就会使用此积木。

1. **用例脚本**

该积木的常见用法如下：

- 移动一个角色；

- 在项目或舞台开始时，重置角色的位置；

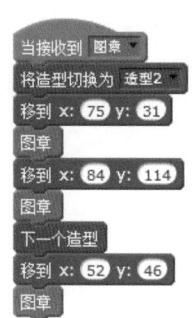

- 在"一个角色、一个脚本"项目中，移动一个图章。

2. **相关积木**

欲了解更多，请参考本书第 9.4.6 节的 移到 鼠标指针 积木、第 9.4.7 节的 在 1 秒内滑行到 x: 0 y: 0 积木、第 9.4.9 节的 将x坐标设定为 0 积木和第 9.4.11 节的 将y坐标设定为 0 积木。

9.4.6 移动到 [鼠标指针]

移到 鼠标指针 积木将其角色的 *X* 轴和 *Y* 轴位置设置为鼠标指针位置、任意坐标位置或其他角色的位置处。换句话说，它将角色移动到鼠标指针处、随机位置处或其他角色的位置处。

1. **用例脚本**

移到 x: 0 y: 0 积木不能便捷地将角色移动到特定对象，但是 移到 鼠标指针 积木可以将角色移动到其他角色位置处或鼠标指针处。

该积极木的常见用法如下：

- 让角色跟随鼠标；

- 一件衣服必须与穿它的角色在一起；

- 防止角色移动；

■ 通过鼠标控制铅笔；

■ 在寻宝游戏中，随机改变一个对象的位置。

2. 相关积木

欲了解更多，请参考本书第 9.4.5 节的 `移到 x: 0 y: 0` 积木和第 9.4.7 节的 `在 1 秒内滑行到 x: 0 y: 0` 积木。

9.4.7　在 [1] 秒内滑行到 x:[0] y:[0]

`在 1 秒内滑行到 x: 0 y: 0` 积木用于在指定的秒数内将角色稳定地移动到指定的 *X* 和 *Y* 位置，这就像将角色指向一个方向并重复 `移动 10 步`，但具有更高的精度。然而，此积木的一个缺点是，它在角色移动时暂停脚本，防止脚本在角色滑动时做其他事情。此外，只能通过停止脚本积木来中断滑行，并且当角色正在滑动时，`碰到边缘就反弹` 积木将无法正常工作。

1. 用例脚本

只要角色需要滑动，就可以使用该积木。该积木一些常见的用途如下：

■ 鱼在池子里游动；

■ 创建障碍角色并向屏幕边缘滑动；

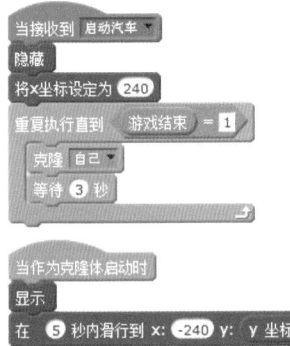

■ 下落物体；

将y坐标设定为 180
在 1 秒内滑行到 x: x 坐标 y: -180

■ 一个角色向另一个角色移动。

2. 相关积木

欲了解更多，请参考本书第 9.4.1 节的 移动 10 步 积木、第 9.4.5 节的 移到 x: 0 y: 0 积木和第 9.4.6 节的 移到 鼠标指针 积木。

9.4.8 将 x 坐标增加 [10]

将x坐标增加 10 积木用于将其角色造型中心的 *X* 轴位置移动指定的数值位置，*X* 轴的范围为 −240 ～ 240。

1. 用例脚本

常见用法如下：

■ 通常在游戏中，玩家控制角色并移动角色；

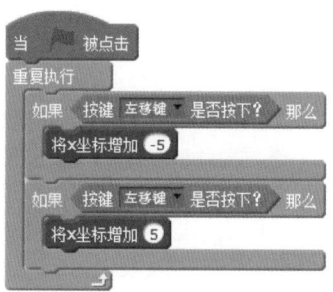

■ 也可用于移动角色，该角色沿 *X* 轴创建正弦波（参见三角学），这种情况的示例脚本如下：

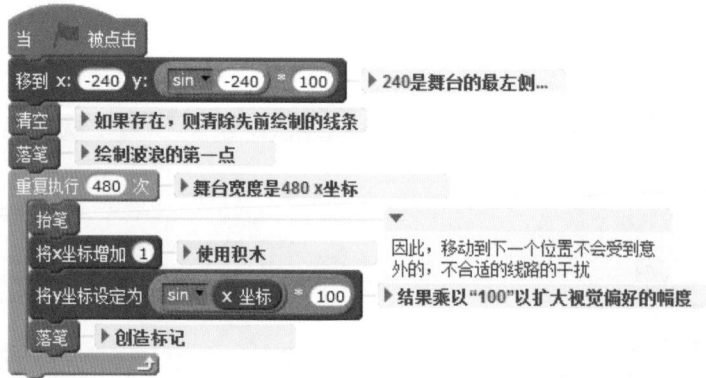

2. 相关积木

欲了解更多，请参考本书第 9.4.9 节的 将x坐标设定为 0 积木、第 9.4.10 节的 将y坐标增加 10 积木和第 9.5.2 节的 x 坐标 积木。

9.4.9　将 x 坐标设定为 [0]

将x坐标设定为 0 积木用于将所选角色的 X 轴位置更改为指定值。与 将y坐标设定为 0 积木一起使用,此积木的行为类似于 移到 x: 0 y: 0 积木。

1. 用例脚本

如果角色的 Y 轴坐标必须保持不变,但角色仍需要移动(例如水平滚动条),则可以使用 将x坐标设定为 0 积木代替 移到 x: 0 y: 0 积木,而无须设置 Y 轴位置。

将x坐标设定为 0 积木通常用于采用 X 轴滚动的项目中——指定的角色不断更改其 X 轴位置以跟随视角的运动。该积木其他的一些用法如下:

- 将角色的位置设置为屏幕上的随机位置;

- 重置滑块的 X 轴坐标;

- 在乒乓球比赛中移动球拍;

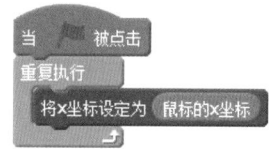

- 设置角色的随机位置以填充屏幕,例如雪花项目。

2. 相关积木

欲了解更多,请参考本书第9.4.8节的 将x坐标增加 10 积木、第9.4.11节的 将y坐标设定为 0 积木和第9.5.2节的 x 坐标 积木。

9.4.10　将 y 坐标增加 [10]

将y坐标增加 10 积木用于将角色的 Y 轴位置移动到指定的量。Y 轴的范围为 −180 ~ 180。

1. 用例脚本

通常,在游戏中玩家控制角色并将其移动,例如使用"速度"变量。这种情况下,将y坐标增加 10 积木及 将x坐标增加 10 积木变得非常有用。

■ 控制角色上下移动；

在打乒乓球的过程中，在上面这个可以控制球拍的脚本中，"y速率"变量控制角色的上下移动，并允许角色加速和减速。

■ 上下跳跃。

2. 相关积木

欲了解更多，请参考本书第9.4.8节的 将x坐标增加 10 积木、第9.4.11节的 将y坐标设定为 0 积木和第9.5.3节的 y 坐标 积木。

9.4.11 将 y 坐标设定为 [0]

将y坐标设定为 0 积木用于将角色的 Y（向上和向下）轴位置设置为指定的量。此积木与 将x坐标设定为 0 积木结合使用，与 移到 x: 0 y: 0 积木具有相同的效果。

1. 用例脚本

如果角色必须到某个地方，并且角色的 X 轴位置要保持不变，可以使用 将y坐标设定为 0 积木代替 移到 x: 0 y: 0 积木。

将y坐标设定为 0 积木的另一个常见用途是 Y 轴滚动——角色必须不断地改变它们的 Y 位置。这里通常使用 将y坐标设定为 0 积木。

此积木其他常见用途如下：

■ 放置脚手架以爬墙；

■ 设置飞机的随机高度；

■ 重置滑块的 Y 坐标。

2. 相关积木

欲了解更多,请参考本书第9.4.9节的 积木、第9.4.10节的 积木和第9.5.3 节的 积木。

9.4.12 碰到边缘就反弹

碰到边缘就反弹 积木用于检查角色是否通过 移动 10 步 积木触碰到屏幕边缘。如果是,则角色将指向一个相反方向。 移动 10 步 积木使用垂直于边缘的直线来确定反射角度。

用例脚本

该积木的常见用途如下:

■ 允许角色从屏幕反弹;

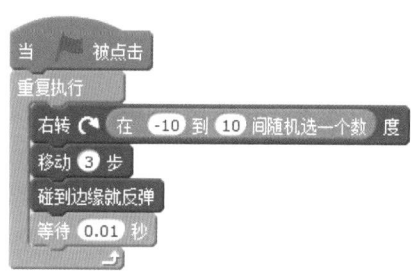

■ 鱼类项目;

■ 乒乓球类游戏(不再举例);

■ 反射(不再举例);

■ 防止角色超出屏幕(不再举例)。

9.4.13 将旋转模式设定为 [左 – 右翻转]

将旋转模式设定为 左-右翻转 积木有三个选项:任意、左 – 右翻转和不旋转。"任意"意味着角色可以面向任何方向翻转,这是默认值;"左 – 右翻转"意味着角色只能面向左或右翻转,其他方向都会被忽略掉;"不旋转"意味着角色始终面向 90°。

如果角色必须在整个项目中以不同的方式移动,则可以使用此积木。以下是一些用途举例:

■ 动画;

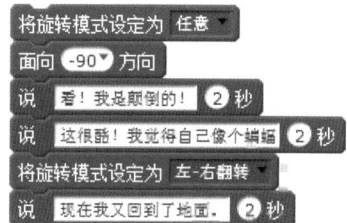

- 允许一个人向左或向右看；

- 在暂停时强制角色不要转动。

当接收到 游戏暂停
将旋转模式设定为 不旋转

9.5 圆角矩形运动积木

9.5.1 方向

方向 积木用于报告角色的方向值，以度为单位。

1. 用例脚本

由于此积木包含角色的方向，因此它通常用于帮助指向角色的脚本。比如以下几个例子：

- 简单地感知一个方向；

- 检查箭头角色的方向；

- 检查对齐。

2. 相关积木

欲了解更多，请参考本书第 9.4.2 节的 左转 15 度 积木或 右转 15 度 积木、第 9.4.3 节的 面向 90 方向 积木、第 9.4.4 节的 面向 鼠标指针 积木和第 9.4.13 节的 将旋转模式设定为 左-右翻转 积木。

9.5.2 x 坐标

x 坐标 积木用于存储其角色的 X 轴位置。此积木可以显示为舞台监视器。

1. 用例脚本

由于此积木存储角色的 X 轴位置，因此当脚本需要知道角色的 X 轴位置时，可以使用它。该积木的常见用途如下：

- 检测角色在屏幕上的左侧或右侧；

- 在不使用 Scratch 默认滑块的情况下基于可移动滑块设置值；

- 将角色的 X 轴位置与记录位置进行比较以检查是否移动；

- 不断存储角色的 X 轴移动值，以便以后再次利用；

- 根据坐标改变角色的速度。

2. 相关积木

欲了解更多，请参考本书第 9.4.8 节的 将x坐标增加 10 积木、第 9.4.9 节的 将x坐标设定为 0 积木和第 9.5.3 节的 y坐标 积木。

9.5.3 y 坐标

y坐标 积木用于存储角色的 Y 轴位置。此积木可以显示为舞台监视器。

1. 用例脚本

由于该积木可以报告角色的 *Y* 轴位置，因此可以在脚本需要知道其父角色的 *Y* 轴位置时使用它。
有很多这种情况，例如：

- 检测用户在屏幕上的距离；

- 将值设置为滑块的 *Y* 轴位置；

- 将角色的 *Y* 轴位置与记录位置进行比较以检查是否移动；

- 不断存储角色的 *X* 轴移动值，以便以后再次利用；

- 根据坐标改变角色的速度（不再举例）。

2. 相关积木

欲了解更多，请参考本书第 9.4.10 节的 将y坐标增加 10 积木、第 9.4.11 节的 将y坐标设定为 0 积木和第 9.5.2 节的 x 坐标 积木。

9.6 编程挑战——升国旗，奏国歌

9.6.1 项目简介

项目名：升国旗，奏国歌。

五星红旗——我们中华人民共和国的国旗。伴随着国歌，五星红旗徐徐升起，我们立正，向您敬礼！
升国旗的场景我们再熟悉不过了。现在，请你用 Scratch 把升国旗的动画制作出来，你准备好了吗？

本例效果如图 9.8 所示。

读者可以结合配书资源中的案例制作视频完成本项目，也可以观看配书资源中的案例运行效果视频。

图 9.8　升国旗，奏国歌

9.6.2　操作说明

单击绿旗启动程序，播放动画。

9.6.3　编程指导

在这个动画项目中，有两个角色需要发生运动行为：卡通人物和国旗。

动画的基本流程：升国旗，奏国歌→卡通人往回走→卡通人翻越石头→走出屏幕

1. 升国旗奏国歌

每次单击▶开始播放动画，国旗的初始位置要确定好。 `移到 x: 34 y: -90` 积木中坐标 (34,-90) 仅供参考。

国歌的标准时间长度为 49 秒，国歌播放完，国旗应恰好升到最高点。使用 `在 49 秒内滑行到 x: 34 y: 105` 积木可以轻松实现。国旗升起，只是竖直方向上的位置发生改变，所以水平方向的 X 坐标无须改变。

动画开始之初，卡通人的位置、造型、面向方向和旋转模式也都要初始化。

2. 卡通人往回走

升完国旗后卡通人要向后转并行走。

3. 卡通人翻越石头

翻越石头这个过程可以分解为上坡和下坡两个子过程。不论是上坡还是下坡，其实卡通人走的都

是斜线，也即水平和垂直方向上的合运动，所以 X 坐标和 Y 坐标都要发生改变。

4. 走出屏幕

走出屏幕和第二阶段（往回走）类似，只需要改变 X 坐标。

项目全部脚本如下：

卡通人：

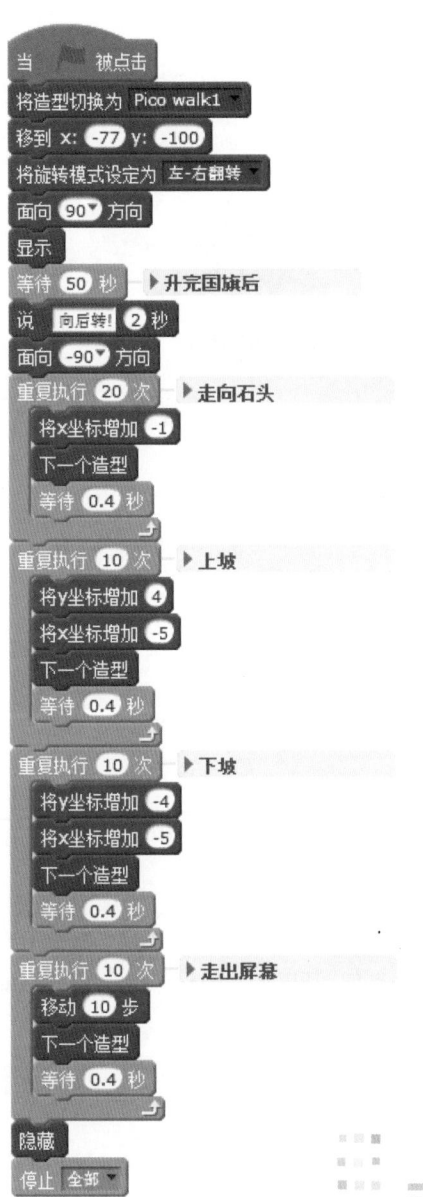

国旗：

124

9.6.4 改编建议

有如下 3 个改编建议：

- 切换场景；

- 添加更多角色；

- 增加国旗飘动效果。

9.7 本章小结

运动积木是控制角色运动的积木，仅适用于角色。此类积木主要涉及角色的方向和位置，经常用于制作动画类的项目，并发挥着举足轻重的作用。据 Scratcht 官方统计显示，运动积木的使用率仅次于外观积木。

正确理解 Scratch 中的舞台坐标系统和角色方向系统，是灵活运用运动积木的基础和关键。

Scratch 2.0 中共有 17 个运动积木，分别如下。

14 个矩形积木：

- 移动 10 步——面向角色所面对的方向移动指定的步数；

- 右转 15 度——将角色顺时针转动指定的量；

- 左转 15 度——将角色逆时针转动指定的量；

- 面向 90 方向——指向角色方向；

- 面向 鼠标指针——将角色指向鼠标指针或另一个角色；

- 移到 x: 0 y: 0——将角色移动到指定的 X 轴和 Y 轴位置；

- 移到 鼠标指针——将角色移动到鼠标指针或另一个角色的位置；

- 在 1 秒内滑行到 x: 0 y: 0——将角色滑动到该位置，持续时间与指定的时间一样长；

- 将x坐标增加 10——按指定的量改变角色的 X 轴位置；

- 将x坐标设定为 0——将角色的 X 轴位置设置为按指定的量；

- 将y坐标增加 10——按指定的量更改角色的 Y 轴位置；

- 将y坐标设定为 0——将角色的 Y 轴位置设置为指定的量；

- 碰到边缘就反弹——如果碰到屏幕边缘，角色的方向会翻转；

- 将旋转模式设定为 左-右翻转——设置角色的旋转模式。

3 个圆角矩形运动积木：

- x 坐标——角色的 X 轴位置；

- y 坐标——角色的 Y 轴位置；

- 方向——角色的方向。

第10章

外观积木

外观积木是 Scratch 的积木之一，是用紫色标识的，通常被用来控制角色的外观。外观积木目前共有 22 个包括 18 个矩形积木和 4 个圆角矩形积木。其中，14 个适用于角色，4 个用于控制背景。根据 Scratch 统计，外观积木是最常使用的积木，约有 200 万的使用量。

Scratch 2.0 中包含的 18 个矩形外观积木，如图 10.1 所示；4 个圆角矩形外观积木，如图 10.2 所示。

将造型切换为 造型2▾

将背景切换为 背景1▾

将背景切换为 背景1▾ 并等待

下一个造型

下一个背景

说 Hello! 2 秒

说 Hello!

思考 Hmm... 2 秒

思考 Hmm...

将 颜色▾ 特效增加 25

将 颜色▾ 特效设定为 0

清除所有图形特效

将角色的大小增加 10

将角色的大小设定为 100

显示

隐藏

移至最上层

下移 1 层

造型编号

背景名称

背景编号

大小

图 10.1　矩形外观积木　　　图 10.2　圆角矩形外观积木

10.1　矩形外观积木

本节将讨论外观类积木中的 18 个矩形积木。

10.1.1　将造型切换为 [造型 2]

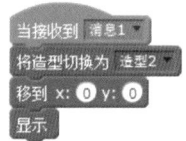积木用于将角色造型设置为指定的造型，该积木是最常用的积木之一。只要角色必须切换到特定的造型（不是 下一个造型 积木，因为该积木只切换到造型列表中的下一个造型），就会使用该积木，可以将造型编号或名称的变量放入该积木中。

1.　用例脚本

该积木的用法比较简单——只是用来改变角色的造型。它可以用于动画、游戏或模拟任何需要在造型之间进行造型切换的情况。

该积木常见的用途如下：

■　简单的造型切换；

■　从造型序列中选取造型。

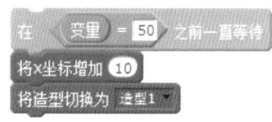

2.　相关积木

欲了解更多，请参考本书第 10.1.4 节的 下一个造型 积木、第 10.2.1 节的 造型编号 积木和第 10.1.1 节的 将造型切换为 造型2 积木。

10.1.2　将背景切换为 [背景 1]

将背景切换为 背景1 积木用于将舞台背景切换为指定的背景，该积木是最常用的积木之一。只要舞台必须切换到特定的背景（不是 下一个背景 积木，因为该积木并不能总是得到同一个背景），就会使用这个积木，可以将背景编号或名称的变量放入这个积木中。

1.　用例脚本

该积木用法比较简单——只是用来改变舞台的背景，可以用于动画、游戏或模拟任何需要在背景之间进行切换的情况。

■　开始新的关卡；

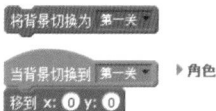

■ 一个游戏结束画面；

将背景切换为 游戏结束

当背景切换到 背景2
隐藏

■ 简单的背景更改。

将背景切换为 背景2

2. 相关积木

欲了解更多，请参考本书第 10.1.3 节的 将背景切换为 背景1 并等待 积木、第 10.1.5 的 下一个背景 积木、第 10.2.2 节的 背景名称 积木和第 10.2.3 节的 背景编号 积木。

10.1.3 将背景切换为 [背景 1] 并等待

将背景切换为 背景1 并等待 积木只能在舞台中被使用，它的功能类似于 将背景切换为 背景1 积木，但是它会等待 当背景切换到 背景1 积木下面的脚本执行完。这个积木类似于 广播 消息1 并等待 积木，因为它们都会触发用户驱动的事件来启动操作。

1. 用例脚本

常见用途举例如下：

■ 临时切换场景；

将背景切换为 场景2 并等待
将背景切换为 场景1

■ 切换关卡。

将背景切换为 说明 并等待
将背景切换为 第一关
将背景切换为 第二关
将背景切换为 第三关
将背景切换为 游戏结束

如果需要迅速地切换背景而不需要等待的话，也可以使用 下一个背景 积木。

> **注意**：只有当 当背景切换到 背景1 积木脚本存在的时候，上面的这些例子才能得到执行。

2. 相关积木

欲了解更多，请参考本书第 4.4.2 节的 广播 消息1 并等待 积木、第 4.3.4 节的 当背景切换到 背景1 积木、第 10.1.5 节的 下一个背景 积木、第 10.2.2 节的 背景名称 积木和第 10.2.3 节的 背景编号 积木。

10.1.4 下一个造型

下一个造型 积木将其角色的造型更改为造型面板中的下一个造型，但如果当前造型是列表中的最后一个，则该积木将循环到第一个造型。

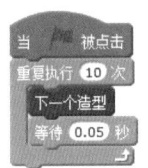

1. 用例脚本

此积木主要用于定格动画脚本，通常与
等待 1 秒 积木一起使用以控制动画速度。

2. 相关积木

欲了解更多，请参考本书第 10.2.1 节的 造型编号 积木、第 10.1.5 节的 下一个背景 积木和第 10.1.1 节的 将造型切换为 造型2 积木。

10.1.5 下一个背景

下一个背景 积木将背景更改为背景列表中的下一个背景，但如果当前背景是列表中的最后一个，则该积木将循环到第一个背景。

1. 用例脚本

此积木主要用于定格动画脚本，通常与
等待 1 秒 积木一起使用以控制动画速度。它也可以用于幻灯片式项目，例如：

2. 相关积木

欲了解更多，请参考本书第 10.2.2 节的 背景名称 积木、第 10.1.4 节的 下一个造型 积木、第 10.1.2 节的 将背景切换为 背景1 积木、第 10.1.3 节的 将背景切换为 背景1 并等待 积木和第 4.3.4 节的 当背景切换到 背景1 积木。

10.1.6 说 [[Hello!][2] 秒

说 Hello! 2 秒 积木用于在屏幕上显示一个对话气泡，并保持指定的秒数，其中包含运行该积木角色的指定文本。这个积木与 思考 Hmm... 2 秒 积木功能相同，只是它们的气泡外形不一样而已。

1. 用例脚本

由于此积木用于显示对话气泡，因此只要进行对话，就可以使用该积木。另一个常见用途是必须显示不可预测的文本（例如玩家的分数）——它是在屏幕上标记字符的简单替代方法。

该积木的一些常见用途：

■ 一个对话；

■ 文本显示。

2. 相关积木

欲了解更多，请参考本书第 10.1.6 节的 说 Hello! 2秒 积木、第 10.1.8 节的 思考 Hmm... 2秒 积木和第 10.1.9 节的 思考 Hmm... 积木。

10.1.7 说 [Hello!]

说 Hello! 积木为其角色提供具有指定文本的对话气泡。在另一个对话或思考积木被激活，或按下停止符号之前，对话气泡保持显示。说 Hello! 积木与 思考 Hmm... 积木功能相同，只是它们的外形有所区别。与 说 Hello! 2秒 积木不同，该积木在激活时立即执行下一个积木，执行原理类似于 播放声音 喵 积木。

1. 用例脚本

由于 说 Hello! 积木给出了可选的永久性对话气泡（怎样停止显示气泡，见下面的"常见错误"），因此通常用于未指定持续显示多长的时间的对话气泡，例如触发的事件或语句。

- 一个总是发出声音的物体；

  说 喵喵……

- 一种图片或标志；

  说 <-- 派出所 -->

- 一条不想消失的消息；

  说 我是一个永久标志,不会消失.

- 按空格键时翻转到下一条消息；

  当 ▶ 被点击
  说 你想知道宇宙和一切生命的答案吗？（按空格键）
  在 按键 空格 ▼ 是否按下？ 之前一直等待
  说 42

- 结束消息（例如，'你赢了！'或'请评论你的想法！'）；

- 观看者可以选择保留多长时间的消息；

  当 ▶ 被点击
  在 得分 > 9 之前一直等待
  说 做得好！你以10分的成绩获胜！

  当 ▶ 被点击
  问问 你希望我说出n(pi)后的多少位? 并等待
  说 3.14159265358979323846264338327950288419716939937510 5...
  等待 回答 秒
  说

- 可变长度的显示气泡（例如，在继续之前等待玩家的动作）。

  当 ▶ 被点击
  说 按空格键继续!
  在 按键 空格 ▼ 是否按下？ 之前一直等待
  广播 继续
  说

2. 常见错误

当 说 积木结束或移动到下一个积木时，说 积木经常被误认为是停止说出消息。而事实恰恰相反，在角色说出或想到其他之前，即使用在 说 Hello!、说 Hello! 2秒、思考 Hmm... 2秒 或 思考 Hmm... 积木之前，它也会不断地说出文本。为了让角色停止说出一条消息，说 积木必须说出一条空白消息，这会触发语音气泡保持隐藏状态并且角色不说话。

> **注意：** 启动和停止项目会导致角色停止说出所有消息。

以下脚本是一个使角色在未指定的时间内说出消息，然后停止消息的示例。

一个正确的脚本如下：

该脚本在采取下一步操作之前等待 2 秒，使用户可以看到对话。

3. 相关积木

欲了解更多，请参考本书第 10.1.6 节的 积木、第 10.1.8 节的 积木和第 10.1.9 节的 积木。

10.1.8 思考 [Hmm…][2] 秒

积木为角色提供一个带有指定文本的思考气泡，该气泡将保持指定的秒数。这个积木和 积木功能相同，只是它们的外形有所区别。

1. 用例脚本

由于 积木给角色提供了一个思考动作，当角色思考某件事时（例如在动画中），就可以使用该积木。该积木另一个的常见的用途是必须显示不可预测的文字，它是在屏幕上标记字符的简单替代方案。

该积木的一些常见的用途如下：

■ 心灵感应的谈话；

思考 你好人类！我是一个名叫塔科的幽灵。 2 秒
思考 我需要来自塔可钟的一些觅食 2 秒
思考 带我一些，我会奖励你。 2 秒

■ 无线电传播；

■ 文本显示；

当接收到 看标志 ▼
思考 NOO！我需要绕过它。 2 秒

■ 内心活动。

思考 嗯……哪一个答案是对的？ 2 秒
思考 A是错的，B我不确定。C…… 2 秒
说 睡一会…… 2 秒

2. 相关积木

欲了解更多，请参考本书第 10.1.6 节的 说 Hello! 2 秒 积木、第 10.1.7 节的 说 Hello! 积木和第 10.1.9 节的 思考 Hmm... 积木。

10.1.9　思考 [Hmm…]

思考 Hmm... 积木为其角色提供具有指定文本的思考气泡。在另一个对话或思考积木被激活或按下停止符号之前，对该思考泡保持显示。这个积木与 说 Hello! 积木功能相同，只是它们的外形不同。与思考 Hmm... 2 秒 积木不同，思考 Hmm... 积木在激活时立即执行下一个积木，执行原理类似于 播放声音 嘟 积木。

1. 用例脚本

该积木的一些常见用途如下：

■ 一个生物总是在思考；

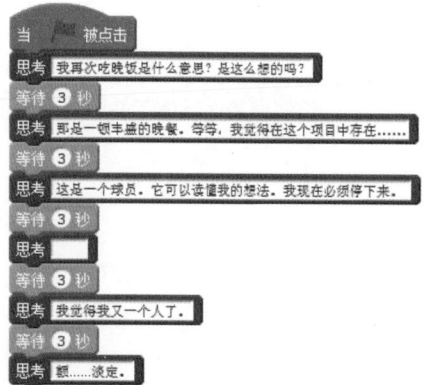

■ 一种图片或标志；

当接收到 消息1 ▼
思考 派出所标志

■ 一条不想消失的消息；

当 ▶ 被点击
思考 我是一个讨厌的蚊子。怕我吗？

■ 可变长度的想法（例如，在继续之前等待玩家的动作）。

当 ▶ 被点击
询问 你想要我多难思考？ 并等待
思考 Hmm...
等待 1 秒
思考

2. 相关积木

欲了解更多，请参考本书第 10.1.6 节的 说 Hello! 2 秒 积木、第 10.1.7 节的 说 Hello! 积木和第 10.1.8 节的 思考 Hmm... 2 秒 积木。

10.1.10 将 [颜色] 特效增加 [25]

将 颜色 特效增加 25 积木按指定的量增加角色的指定效果。有 7 种不同的效果可供选择：颜色、鱼眼、旋转、像素化、马赛克、亮度和虚像。

1. 用例脚本

由于该积木更改了角色效果，因此只要必须更改角色效果值，就会使用这个积木。

该积木的一些常见用途如下：

- 改变涂鸦的颜色可以带颜色效果；
- 使用鱼眼效果使角色看起来像在水中；
- 扭曲角色；
- 像素化角色使其具有像素化效果；
- 用马赛克效果创造角色的多个虚像；
- 使用亮度效果创建不同的亮度级别；
- 使用虚像效果使生物透明；
- 使用颜色效果使角色更改颜色（在项目中）。

一次可以对角色使用多种效果，即效果可以叠加起来产生更加出色的效果。

2. 相关积木

欲了解更多，请参考本书第 10.1.11 节的 将 颜色 特效设定为 0 积木。

10.1.11 将 [颜色] 特效设定为 [0]

将 颜色 特效设定为 0 积木将角色上指定的效果设置为指定的量。该积木有 7 种不同的效果可供选择：颜色、鱼眼、旋转、像素化、马赛克、亮度和虚像。

1. 用例脚本

该积木用于设置效果的值。一些常见的用途如下：

- 用颜色效果改变角色的颜色；

- 像素化角色；

■ 使用亮度效果创建不同的亮度级别；

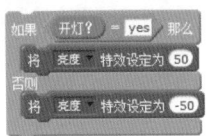

■ 使角色变得透明；

■ 使用鱼眼效果使角色看起来像在水中（不再举例）；

■ 扭曲角色（不再举例）；

■ 用马赛克效果创造角色的多个虚像（不再举例）；

■ 使角色产生渐隐效果（不再举例）。

2．相关积木

欲了解更多，请参考本书第 10.1.10 节的 `将 颜色 特效增加 25` 积木和第 10.1.12 节的 `清除所有图形特效` 积木。

10.1.12　清除所有图形特效

`清除所有图形特效` 积木将重置角色上的所有 7 种图形效果（即颜色、鱼眼、旋转、像素化、马赛克，亮度和虚像）。

1．用例脚本

由于此积木会重置角色上的所有图形效果，因此只要必须重置所有图形效果，就会使用这个积木。该积木的一些常见用途如下：

■ 当角色必须自行重置时，转到 X 轴坐标和 Y 轴坐标位置并清除其效果；

■ 当一幅画必须重置它的外观时而使用；

■ 当角色受到因特效而改变其外观的影响时而使用；

■ 简单地撤销效果。

10.1.13　将角色的大小增加 [10]

`将角色的大小增加 10` 积木用于将角色的大小更改为指定的量，默认的角色尺寸值大小为 100；低于默认的尺寸值适用于缩小角色，高于默认的尺寸值适用于放大角色。

1．用例脚本

由于此积木会更改角色的大小，因此只要必须更改角色的大小时就会使用这个积木。一些常见的用途如下：

■ 3D 世界中的角色，当它沿着平原移动时必须改变它的大小；

- 一个成长的对象；

- 一个缩小的对象；

- 改变画笔的大小进行绘画；

- 通过收缩"水"角色实现排出一池水的动画效果；

- 使对象不断增长和缩小。

2. 相关积木

欲了解更多，请参考本书第 10.1.14 节的 `将角色的大小设定为 100` 积木和第 10.2.4 节的 `大小` 积木。

10.1.14 将角色的大小设定为 [100]

`将角色的大小设定为 100` 积木将角色的大小设置为指定的量。默认角色大小为 100%；低于 100% 会缩小舞台上的角色，高于 100% 会放大舞台上的角色。

1. 用例脚本

此积木用于设置角色的大小，这意味着它不能用于设置舞台背景的大小。该积木的一些常见用途如下：

- 鼠标指针悬停时增加按钮的大小；

- 随着游戏的进行，让敌人变得更大；

- 模仿 3D 世界中的距离。（不再举例）

2. 相关积木

欲了解更多，请参考本书第 10.1.13 节的 `将角色的大小增加 10` 积木和第 10.2.4 节的 `大小` 积木。

10.1.15 显示

如果积木的角色被隐藏，使用 `显示` 积木将会显示角色；如果角色已经显示，则不会有任何变化。此积木是最简单和最常用的外观积木之一。

1. 用例脚本

该积木被广泛使用，主要用于为 Scratch 项目准备场景。一些常见的用途如下：

- 准备一个场景；

- 在物体前面显示一个角色来覆盖它；

- 只显示一个角色，例如捉迷藏；

- 在发射前显示子弹；
- 动画脚本。

2. 相关积木

欲了解更多，请参考本书第 10.1.16 节的隐藏积木。

10.1.16 隐藏

如果积木的角色显示在舞台上，使用隐藏积木将隐藏角色；如果角色已被隐藏，则没有任何反应。此积木是最简单和最常用的外观积木之一。隐藏的角色是不能被触碰的。

1. 用例脚本

该积木被广泛使用，主要用于为 Scratch 项目准备场景等。一些常见的用途如下：

- 准备一个场景；

- 隐藏挡在角色上方的遮挡物；

- 只是隐藏角色，例如隐藏和搜寻；

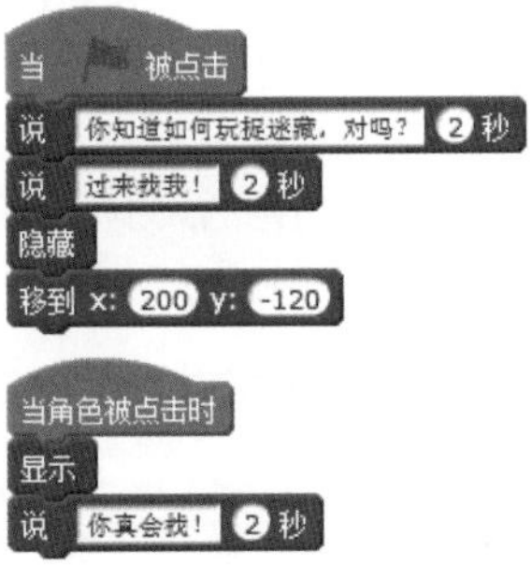

- 一旦它击中某些东西就隐藏一颗子弹；

- 动画脚本；

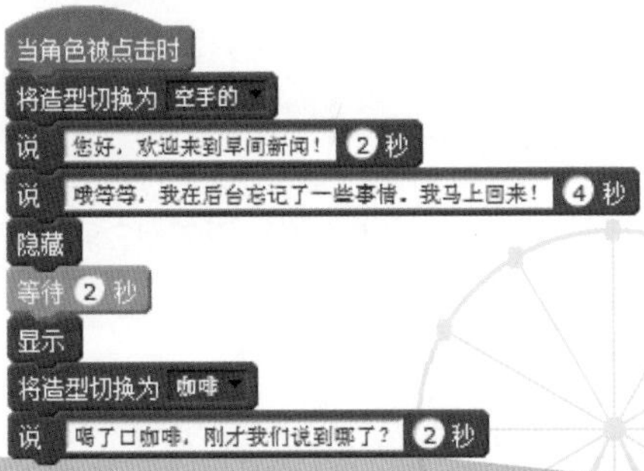

- 有时仅用于隐藏项目开始时除菜单之外的所有内容。

2. 相关积木

欲了解更多，请参考本书第 10.1.15 节的 显示 积木。

10.1.17 移至最上层

移至最上层 积木将在舞台上所有其他角色前面放置一个角色，通过更改角色的图层值来实现。

1. 用例脚本

由于此积木将角色放在其他角色的前面，因此广泛用于设置三维场景或将对象放在其他对象的前面。一些常见的用途如下：

- 将按钮放在工具栏前面；

移至最上层 下移 5 层 积木通常与 下移 1 层 积木一起使用，以将角色移动到特定图层。例如上面的示例中，脚本将角色从前面移动到第 6 层（这意味着它上面有 5 个角色）。

- 在三维动画中放置最接近观察者的对象；（不再举例）
- 通过将对象放在前面来确保对象角色在最表面；（不再举例）
- 用另一个角色覆盖一个角色。（不再举例）

- 只需将一个物体移到另一个物体前面；

2. 相关积木

欲了解更多，请参考本书第 10.1.18 节的 下移 1 层 积木。

10.1.18 下移 [1] 层

下移 1 层 积木将角色的图层值更改为指定的量。与其他积木相比，该积木相当不寻常。它通过数值来改变角色所在的图层的顺序，正数意味着向下移动，负数则将角色向上移动。

1. 用例脚本

该积木的一些常见用途如下：

- 将角色移动到特定图层；

移至最上层
下移 5 层

下移 1 层 积木通常与 移至最上层 积木结合使用，以将角色移动到特定图层。

- 将角色移动到第 6 层（5 + 1）；

2. 相关积木

欲了解更多，请参考本书第 10.1.17 节的 移至最上层 积木。

下移 -5 层

- 更改三维场景和动画中的图层值；（不再举例）
- 将一个角色放在另一个角色后面；（不再举例）
- 将角色堆叠在一起（鸟瞰图）。（不再举例）

10.2 圆角矩形外观积木

本节将介绍外观类积木中的 4 个圆角矩形积木。

10.2.1 造型编号

造型编号 积木保存角色当前的造型编号。此积木可以显示为舞台监视器。

1. 用例脚本

由于 造型编号 积木拥有角色的造型数量，所以如果角色在特定的造型上必须发生变化，就会使用这个积木。一些更常见的用途如下：

- 一旦角色到达 0 生命值的造型时，就停止该项目；

- 检查一个角色是否是最后的造型；

- 将变量设置为当前造型编号。

2. 相关积木

欲了解更多，请参考本书第 10.2.3 节的 背景编号 积木。

10.2.2 背景名称

背景名称 积木用于保存当前背景名称。此积木可以显示为舞台监视器。

138

1. 用例脚本

如果舞台位于特定背景下必须发生某些事情时，则可以使用 [背景名称] 积木。一些更常见的用途如下:

- 一旦舞台到达项目结束的背景，就停止项目;

- 检查当前是什么背景;

- 将变量设置为当前背景名称;

[将 (变量名) ▼ 设定为 背景名称]

2. 相关积木

欲了解更多，请参考本书第 10.2.3 节的 [背景编号] 积木、第 10.1.5 节的 [下一个背景] 积木、第 10.1.2 节的 [将背景切换为 背景1 ▼] 积木和第 10.1.3 节的 [将背景切换为 背景1 ▼ 并等待] 积木。

10.2.3 背景编号

[背景编号] 积木用于保存当前背景编号。

1. 用例脚本

- 当背景切换到项目结束的背景时，自动停止程序;

[当 ▶ 被点击]
[在 背景编号 = 6 之前一直等待]
[停止 全部 ▼]

- 将背景编号赋值给变量;

[将 关卡 ▼ 设定为 背景编号]

2. 相关积木

欲了解更多，请参考本书第 10.1.5 节的 [下一个背景] 积木、第 10.1.2 节的 [将背景切换为 背景1 ▼] 积木、第 10.1.3 节的 [将背景切换为 背景1 ▼ 并等待] 积木和第 4.3.4 节的 [当背景切换到 背景1 ▼] 积木。

10.2.4 大小

[大小] 积木用于保存角色的大小。此积木可以显示为舞台监视器。

1. 用例脚本

██ 大小 积木不常用。虽然许多项目使用 将角色的大小设定为 100 积木，但很少需要知道角色的当前大小。通常会预先计划角色大小的变化情况，例如在动画中。

■ 弹跳物体（从鸟瞰图）；

```
当 ▶ 被点击
重复执行
    将角色的大小设定为 100
    重复执行 10 次
        将角色的大小增加 大小 / 10
        等待 0.1 秒
    重复执行 10 次
        将角色的大小增加 大小 / -10
        等待 0.1 秒
```

■ 数学工具和公式；

■ 三维场景，其中点部分基于大小值；

■ 根据大小更改效果。

2. 相关积木

欲了解更多，请参考本书第 10.1.13 节的 将角色的大小增加 10 积木和第 10.1.14 节的 将角色的大小设定为 100 积木。

10.3 编程挑战——孙悟空的如意金箍棒

10.3.1 项目简介

项目名：孙悟空的如意金箍棒。

《西游记》中，如意金箍棒最初作为定海神珍，乃是一根铁柱子，约有斗来粗，二丈有余长。金箍棒被夺走过，但没有任何其他神仙或者妖怪能够让金箍棒随意变化。孙悟空得到金箍棒后，能随心所欲地变化金箍棒的大小，你能设计一个动画，用于演示孙悟空随意变化如意金箍棒吗？

本例效果如图 10.3 所示。

读者可以结合配书资源中的案例制作视频完成本项目，也可以观看配书资源中的案例运行效果视频。

图 10.3　孙悟空的如意金箍棒

10.3.2　操作说明

单击绿旗，启动程序，播放动画。

10.3.3　编程指导

制作动画要抓住时间发展的这个主线，事先要规划好在什么阶段出现什么场景及角色。在这个动画项目中，有两个角色（猴子和金箍棒）、一个场景（两个大小比例不一样的背景）。动画过程是这样的：

第一阶段：猴子念咒语，金箍棒不断地变大。

第二阶段：金箍棒捅到天上的场景（重点是加强对比）。

脚本如下：

猴子：

如意金箍棒：

10.3.4　改编建议

有 3 个改编建议：

■ 将金箍棒横着放；

- 给金箍棒增加图形特效；
- 让猴子造型更丰富。

10.4 本章小结

一个角色的外观可以因其造型的改变而发生变化，舞台背景也可以通过切换背景而发生变化。由于造型的变化、背景的切换，动画也随之产生。外观积木成为 Scratcher 最常用到的积木也就不足为奇了。

外观积木是控制角色外观的积木。Scratch 2.0 中有 22 个外观积木，其中，18 个角色外观积木中的 3 个积木具有舞台的对应部分。

Scratch 2.0 中有以下 18 个矩形外观积木：

- 说 Hello! 2 秒 ——在角色上方出现一个气泡并保持指定的时间；
- 说 Hello! ——在角色上方会出现一个气泡，随着时间的推移不会消失；
- 思考 Hmm... 2 秒 ——思考气泡出现在角色上并保持指定的时间；
- 思考 Hmm... ——角色上出现一个思想泡泡，随着时间的推移不会消失；
- 显示 ——显示角色；
- 隐藏 ——隐藏角色；
- 将造型切换为 造型2 或 将背景切换为 背景1 ——将角色 / 舞台的造型 / 背景更改为指定的造型 / 背景；
- 将背景切换为 背景1 并等待 ——就像 将背景切换为 背景1 积木一样，但要等待直到由此触发的所有鸭舌帽形积木都已完成；（仅限舞台）
- 下一个造型 或 下一个背景 ——将角色 / 舞台的造型 / 背景更改为造型列表中的下一个；
- 将 颜色 特效增加 25 ——按指定值更改指定的效果；
- 将 颜色 特效设定为 0 ——将指定的效果设置为指定值；
- 清除所有图形特效 ——清除角色上的所有图形效果；
- 将角色的大小增加 10 ——更改角色的大小；
- 将角色的大小设定为 100 ——将角色的大小设置为指定值；
- 移至最上层 ——将角色放置到最上层；
- 下移 1 层 ——按指定值更改角色的图层值。

Scratch 2.0 中有以下 4 个圆角矩形外观积木：

- 造型编号 （用于角色）或 背景编号 （用于舞台）——角色 / 舞台当前造型 / 背景的数量在相应的列表中；
- 背景名称 ——报告当前背景的名称；
- 大小 ——角色的大小。

声音积木

声音积木是 Scratch 积木的类别之一，用粉红色 / 洋红色的颜色标识，用于控制声音和 MIDI 功能。目前，Scratch 2.0 中一共有 13 个声音积木，分别是 11 个矩形声音积木（见图 11.1）和 2 个圆角矩形声音积木（见图 11.2）。

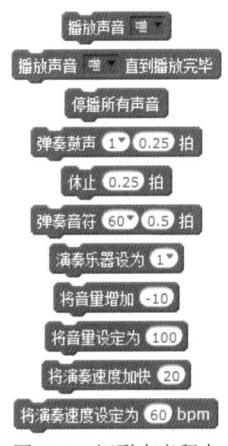

图 11.1　矩形声音积木

图 11.2　圆角矩形声音积木

11.1　矩形声音积木

本节将介绍声音类积木中的 11 个矩形积木。

11.1.1　播放声音 [喵]

播放声音 喵 积木用于播放指定的声音，脚本没有暂停（与 播放声音 喵 直到播放完毕 积木不同，播放声音 喵 直到播放完毕 积木将暂停脚本直到声音播放完毕）。

1. 用例脚本

由于  积木在其脚本中没有延迟地播放声音，因此主要在必须播放声音而不打扰脚本时使用。常见用法如下：

■ 通过动作播放声音效果；

■ 增强效果。

■ 如果角色达到目标，则播放声音效果；

2. 相关积木

欲了解更多，请参考本书第 11.1.2 节的  积木。

11.1.2 播放声音 [喵] 直到播放完毕

 积木用于播放指定的声音，暂停脚本直到声音播放完毕。与 播放声音 喵 积木不同， 播放声音 喵 积木将播放声音而不暂停脚本。

1. 用例脚本

该积木的常见用途如下：

■ 循环播放音乐曲目，例如背景音乐；

■ 使用积木来延迟。

2. 相关积木

欲了解更多，请参考本书第 11.1.1 节的 播放声音 喵 积木。

11.1.3　停播所有声音

积木将停止所有角色和舞台上的当前正在播放的任何声音。按"停止"按钮●也会停止所有声音，但该按钮很少被使用，因为它还会停止项目中运行的其他脚本。

用例脚本

由于积木会停止所有正在播放的声音，因此在音乐曲目（和音效）必须停止时会被广泛使用，通常用于暂停项目或静音等事件。

该积木的常见用途如下：

- 在项目移动到下一个场景之前停止播放任何声音（用于动画）；

- 在一个提供音乐选项的项目中关闭音乐。

- 停止播放音乐播放器项目中的歌曲；

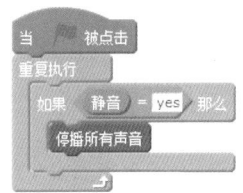

11.1.4　弹奏鼓声 [1][0.25] 拍

弹奏鼓声积木将使用 MIDI 鼓组在指定的秒数内播放指定的乐器。虽然该积木使用的是"鼓"，但其下拉列表中有许多不同的打击乐器选项，包括鼓、三角铁、小军鼓、牛铃、颤击和各种特殊音响。可选的乐器列表如图 11.3 所示。

图 11.3　乐器列表

1. 用例脚本

`弹奏鼓声 1▾ 0.25 拍` 积木在使用声音积木播放歌曲时被广泛使用。此积木的一些常见用法如下：

- 轻松的声音效果（乐器列表中的有些选项是声音效果，如拍掌）；

  `弹奏鼓声 8▾ 0.25 拍`

- 控制乐器的音乐项目；

```
当 [旗帜] 被点击
重复执行直到 〈 回答 > 26 〉 与 〈 回答 < 88 〉
    询问 [鼓声?] 并等待
重复执行
    如果 〈 响度 > 10 〉 那么
        弹奏鼓声 回答 0.1 拍
```

- 创建由积木制作的歌曲。

  `弹奏鼓声 48▾ 0.25 拍`
  `弹奏音符 60▾ 0.6 拍`
  `弹奏鼓声 47▾ 0.2 拍`

2. 相关积木

欲了解更多，请参考本书第 11.1.5 节的 `休止 0.25 拍` 积木和第 11.1.6 节的 `弹奏音符 60▾ 0.5 拍` 积木。

11.1.5 休止 [0.25] 拍

`休止 0.25 拍` 积木用于暂停脚本以获得指定数量的节拍，该节拍可以是十进制数。要更改节拍的长度，可以使用 `将演奏速度设定为 60 bpm` 积木和 `将演奏速度加快 20` 积木。

> **注意**：读者可能需要了解一些乐理知识才能完全理解本节内容。

1. 用例脚本

由于 `休止 0.25 拍` 积木将以节拍而不是秒来暂停脚本，因此被广泛用于音乐脚本的暂停节拍中。此积木的一些常见用法如下：

- 暂停使用"播放音符/鼓"积木制作的歌曲；

  `弹奏鼓声 8▾ 0.25 拍`
  `休止 0.2 拍`

- 使用声音积木暂停声音效果（不再举例）；
- 音乐发生器（不再举例）。

2. 相关积木

欲了解更多，请参考本书第 11.1.4 节的 弹奏鼓声 1▾ 0.25 拍 积木和第 11.1.6 节的 弹奏音符 60▾ 0.5 拍 积木。

11.1.6 弹奏音符 [60][0.5] 拍

弹奏音符 60▾ 0.5 拍 积木将使用设定的 MIDI 乐器，以指定的节拍数量播放指定的音符。

1. 用例脚本

当需要积木播放音符时， 弹奏音符 60▾ 0.5 拍 积木在使用声音积木播放歌曲时被广泛使用。该积木的一些常见用法如下：

- 轻松的音效（88 以上的数字仍有效），非常高或低的音符会产生有趣的声音；

- 创建由积木制作的歌曲。

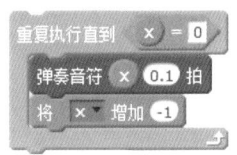

- 控制乐器的音乐项目；

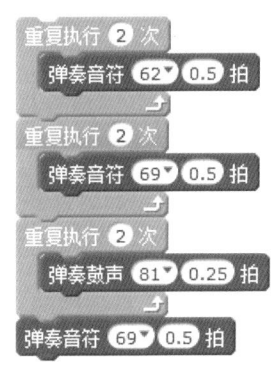

2. 相关积木

欲了解更多，请参考本书第 11.1.4 节的 弹奏鼓声 1▾ 0.25 拍 积木、第 11.1.5 节的 休止 0.25 拍 积木和第 11.1.7 节的 演奏乐器设为 1▾ 积木。

11.1.7 演奏乐器设为 [1]

演奏乐器设为 1▾ 积木将改变设置的 MIDI 乐器类型， 弹奏音符 60▾ 0.5 拍 积木将会受到影响。而 弹奏鼓声 1▾ 0.25 拍 积木不受 演奏乐器设为 1▾ 积木的影响，因为在它的乐器列表中有自己的乐器。

一个角色可以一次只"播放"一个乐器。为了一次播放多个乐器，必须有多个角色或有克隆一个角色。

1. 用例脚本

由于 演奏乐器设为 1▾ 积木改变了乐器，因此主要用于需要多个乐器的项目中。该积木的一些常见用法如下：

- 需要更换乐器的项目；

- 控制乐器的项目（不再举例）；
- 用多种乐器制作音乐（不再举例）；
- 制作音效（不再举例）。

2. 相关积木

欲了解更多，请参考本书第 11.1.6 节的 弹奏音符 60▼ 0.5 拍 积木。

11.1.8 将音量增加 [–10]

将音量增加 -10 积木按指定的量更改角色的音量，这只会影响积木所在的角色（或舞台）。

1. 用例脚本

该积木的一些常见用法如下：

- 音量控制；

当角色被点击时
将音量增加 -10

- 随着角色越来越远离观众，角色的声音更安静；

将角色的大小增加 -25
将音量增加 -25
将角色的大小增加 25
将音量增加 25

- 用声音积木制作的歌曲，有高音和低音。

弹奏音符 60▼ 1 拍
将音量设定为 50
弹奏音符 60▼ 1 拍
将音量增加 25
弹奏音符 60▼ 1 拍
将音量增加 25
弹奏音符 60▼ 1 拍

2. 相关积木

欲了解更多，请参考本书第 11.1.9 节的 将音量设定为 100 积木和第 11.2.2 节的 音量 积木。

11.1.9 将音量设定为 [100]

将音量设定为 100 积木用于将角色的音量设定为指定的量，这只会影响积木所在的角色（或舞台）。

1. 用例脚本

当积木设置角色或舞台的音量时，在需要将音量设置为指定量而不是增加或减少时使用 将音量设定为 100 积木。该积木的一些常见用法如下：

■ 音量控制;

将音量设定为 音量滑块

■ 改变音效音量（噪音制造者越远，声音效果就越安静）;

将音量设定为 100 * 到 噪音▼ 的距离 / 2

■ 用声音积木制作的歌曲，有高音和低音。

将音量设定为 100
弹奏音符 60▼ 0.5 拍
弹奏音符 65▼ 0.4 拍
将音量设定为 75
弹奏音符 48▼ 1 拍

2. 相关积木

欲了解更多，请参考本书第 11.1.8 节的 将音量增加 -10 积木和第 11.2.2 节的 音量 积木。

11.1.10　将演奏速度加快 [20]

将演奏速度加快 20 积木用于将项目的演奏速度更改为指定的量。由于演奏速度会影响节拍的长度，因此改变演奏速度会影响 弹奏鼓声 1▼ 0.25 拍 积木和 弹奏音符 60▼ 0.5 拍 积木的播放时间。

1. 用例脚本

由于 将演奏速度加快 20 积木改变了演奏速度（确定每个节拍的长度），因此主要用于加速和减慢积木中，如 弹奏鼓声 1▼ 0.25 拍 积木和 弹奏音符 60▼ 0.5 拍 积木。

该积木的一些常见用法举例如下:

■ 更改使用声音模积木制作的歌曲速度;

■ 音乐混音器;

■ 在一个项目中，使用录音机并设置音乐的速度以匹配指针的速度。

2. 相关积木

欲了解更多，请参考本书第 11.1.11 节的 将演奏速度设定为 60 bpm。

11.1.11　将演奏速度设定为 [60]bpm

将演奏速度设定为 60 bpm 积木使用单位 bpm 或"每分钟节拍"将 Scratch 项目的演奏速度设置为指定的量。

1. 用例脚本

由于 将演奏速度设定为 60 bpm 积木改变了演奏速度，因此主要用于加速和减慢积木中，如 弹奏鼓声 1▼ 0.25 拍 积木和 弹奏音符 60▼ 0.5 拍 积木。

该积木的一些常见用法举例如下:

- 更改使用声音模积木制作的歌曲的速度；
- 音乐混音器；
- 在一个项目中，使用录音机并设置音乐的速度以匹配指针的速度。

如果想要一个节拍等于 1 秒，可以将 bpm 设置为 60。

2. 相关积木

欲了解更多，请参考本书的 11.1.10 节的 `将演奏速度加快 20` 积木和第 11.2.1 节的 `演奏速度` 积木。

11.2 圆角矩形声音积木

本节将介绍声音类积木中的两个圆角矩形积木。

11.2.1 演奏速度

`演奏速度` 积木保存着 Scratch 项目的演奏速度值，它可以显示为舞台监视器。

1. 用例脚本

该积极木的一些常见用法举例如下：

- 对使用声音积木播放音乐的项目进行速度控制；

- 一旦演奏速度达到一定量就必须停止循环；

- 感知并显示正在播放的内容有多快；

- 与速度可调的音符同步。

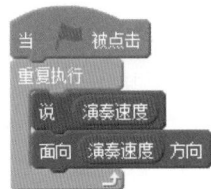

2. 相关积木

欲了解更多，请参考本书第 11.1.10 节的  积木和第 11.1.11 节的 将演奏速度设定为 60 bpm 积木。

11.2.2 音量

音量 积木用于保存角色或舞台的音量，它可以显示为舞台监视器。

1. 用例脚本

由于 音量 积木可以播放声音、鼓和音符的大小，因此常被用于必须能够感知乐器的响亮程度的音乐项目中。该积木的常见用法如下：

■ 音量控制；

```
当角色被点击时
重复执行直到 鼠标键被按下？ 不成立
  面向 鼠标指针
  如果 方向 < 0 那么
    面向 0 方向
  否则
    如果 方向 > 100 那么
      面向 100 方向
    否则
      将音量设定为 100
  说 连接 音量 和 %
说 连接 音量 和 % 2 秒
```

■ 一旦音量达到一定量就必须停止循环；

```
重复执行直到 音量 = 0
  将音量增加 -10
```

■ 检测音量。

2. 相关积木

欲了解更多，请参考本书第 11.1.8 节的 将音量增加 -10 积木和第 11.1.9 节的 将音量设定为 100 积木。

11.3 编程挑战——简易电子琴

11.3.1 项目简介

项目名：简易电子琴。

电子琴是一种键盘乐器，其实它就是电子合成器。电子琴其实根本不是一个正确叫法，因为它形似钢琴，所以就有人叫它电子琴了。

电子琴又称为电子键盘，属于电子乐器（区别于电声乐器），发音音量可以自由调节。音域较宽，和声丰富，甚至可以演奏出一个管弦乐队的效果，表现力极其丰富。它还可模仿多种音色，甚至可以演奏出常规乐器所无法发出的声音（如合唱声、风雨声和宇宙声等）。

在这个项目中，你可以尝试制作属于自己的一个电子琴哦！本例效果如图 11.4 所示。

读者可以结合配书资源中的案例制作视频完成本项目，也可以观看配书资源中的案例运行效果视频。

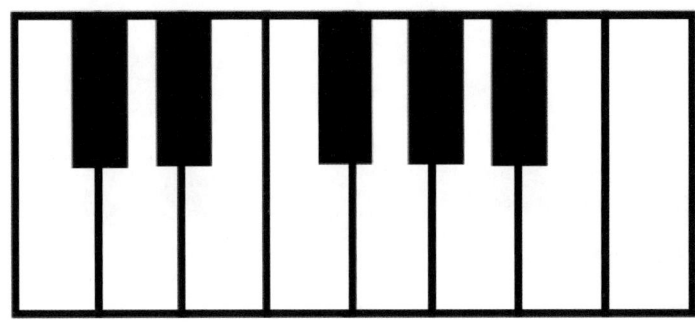

图 11.4　简易电子琴

11.3.2　操作说明

这是一个可以玩的钢琴，单击每个琴键试一试吧！

11.3.3　编程指导

制作这个项目需要具备一定的音乐基础，如果不具备，也不会妨碍你用 Scratch 制作电子琴。制作过程中可参考图 11.5。

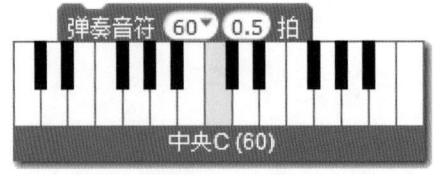

图 11.5　琴键与积木音符对应图

11.3.4　改编建议

有如下 4 个改编建议：

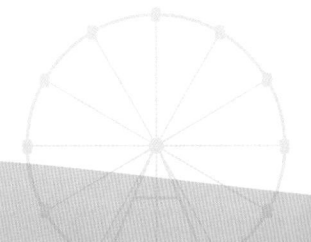

- 更改电子琴外观；

- 补全剩下的琴键；

- 添加高和低音符；

- 添加电脑键盘快捷键。

11.4　本章小结

声音是一个可以在 Scratch 项目中播放的项目，可以通过导入 Scratch 的内置声音库或录音来获得。通过使用声音积木来播放声音，控制声音的音量、节奏等。Scratch 中的所有声音都以单声道播放。

项目中所有播放的声音分为两种类型：声音和音符。

声音是仅通过导入或录制可用的项目，可以在"声音"选项卡中获得，在其中可以导入、录制、播放和编辑声音。以下积木与声音相关，如图 11.6 所示。

在 Scratch 2.0 之前，音符由 MIDI 系统访问。MIDI 系统是内置于计算机中的各种音符。但是，由于 Scratch 2.0 在 Adobe Flash 上运行，因此无法使用 MIDI 声音库，而 Scratch 团队创建了自己的声音库，内置于 Scratch 程序中。以下积木与音符相关，如图 11.7 所示。

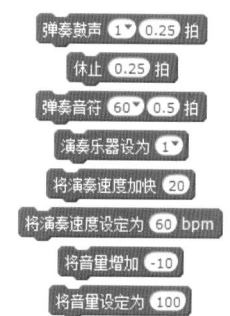

图 11.6　与声音有关的积木　　　　图 11.7　与音符有关的积木

声音积木是控制声音和 MIDI 功能的积木。Scratch 2.0 中共有 13 个声音积木，分别如下。

11 矩形声音积木：

- 播放声音 嗖▼——播放声音而不暂停脚本；

- 播放声音 嗖▼ 直到播放完毕——播放声音并暂停脚本直至完成；

- 停播所有声音——停止播放所有声音；

- 弹奏鼓声 1▼ 0.25 拍——以指定的节拍数量播放指定的鼓声；

- 休止 0.25 拍——暂停脚本一段时间；

- 弹奏音符 60▼ 0.5 拍——以指定的节拍数量播放指定音符；

- 演奏乐器设为 1▼——将演奏乐器设置为指定的乐器；

- 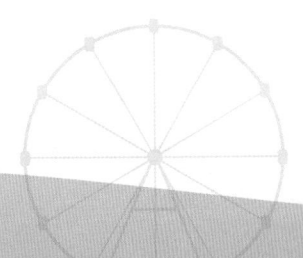将音量增加 -10——按指定的量更改音量；
- 将音量设定为 100——将音量设置为指定的音量；
- 将演奏速度加快 20——按数量改变演奏速度；
- 将演奏速度设定为 60 bpm——将演奏速度设置为指定值。

2 个圆角矩形声音积木：

- 音量——音量；
- 演奏速度——节奏。

画笔积木

画笔是 Scratch 积木的大类之一，采用深绿色标识，用于控制 Scratch 程序的画笔部分。根据 Scratch 官方统计，画笔积木是使用量最少的类别，只有 2 000 多的使用量。

创建一个角色一个脚本项目时，画笔很有用，允许人们采取各种操作，例如：

- 图章角色；
- 把笔放下；
- 松开笔。

"一个角色一个脚本"项目的例子是一个简单的绘图程序，画笔积木还可以用于制作游戏和模拟其他内容。

Scratch 2.0 中包含 11 个矩形画笔积木，如图 12.1 所示。

图 12.1　矩形画笔积木

12.1 矩形画笔积木

本节将介绍画笔类积木中的 11 个矩形积木。

12.1.1 清空

清空 积木用于删除笔或印章所做的所有标记。此积木是舞台中可以使用的唯一画笔积木。几乎所有涉及画笔的项目（尤其是图形编辑器模拟）都使用此积木，因为项目启动后清除屏幕将是首要事项。此积木常见用法举例如下：

- 清除绘画程序中的屏幕；

- 删除迷宫发生器或类似物品中的图章；

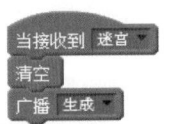

- 刷新屏幕以绘制下一帧。

- 重置图案；

12.1.2 落笔

落笔 积木使角色在移动的任何地方连续写入一条轨迹（直到使用 抬笔 积木）。可以使用其他独立积木更改轨迹的颜色、宽度和阴影。

1. 用例脚本

落笔 积木常用于需要绘制艺术图案的项目中。当角色将连续画出一条线（例如，目标是填满整个屏幕的项目）时，大多数项目都将使用此积木。这个积木也常用于"一个角色一个脚本一个造型"的项目。此积木的一些常见用途如下：

- 在动画中绘制字符串；

- 在屏幕上绘制图案；

- 使用鼠标进行自由绘制；

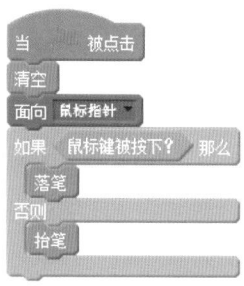

- 用画笔在"一个角色一个脚本"项目中绘制条形图。

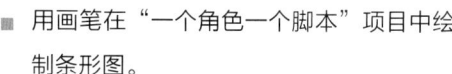

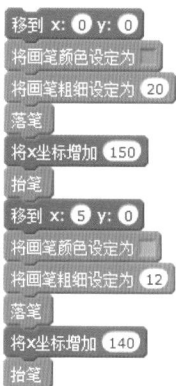

> **注意：**以上例子中都包括 抬笔 积木，二者是经常一起使用。

2. 相关积木

欲了解更多，请参考本书第 12.1.3 节的 抬笔 积木和第 12.1.11 节的 图章 积木。

12.1.3 抬笔

如果角色当前由于 落笔 积木而正在使用画笔功能，则 抬笔 积木将阻止角色继续落笔。如果未使用画笔功能，则该功能无效。

1. 用例脚本

抬笔 积木仅用于少数情况，但在使用时仍会产生很大影响。常用于在绘图项目中从屏幕上抬起画笔。

- 在动画中辅助绘制字符串；

■ 在屏幕上绘制图案；

■ 请在此输入用例名，用画笔在"一个角色
一个脚本"项目中绘制条形图。

> **注意**：以上例子中都包括 [抬笔] 积木，二者
> 经常一起使用。

2．相关积木

欲了解更多，请参考本书第 12.1.2 节的 [落笔] 积木。

12.1.4　将画笔颜色设定为 ▮▮

[将画笔颜色设定为 ▮] 积木用于将画笔的颜色设置为使用积木颜色选择器（吸管工具）选择的颜色。要选择颜色（在非值输入积木中），必须单击颜色框，然后单击 Scratch 程序中的任意位置以使用吸管更改颜色。

1．用例脚本

由于 [将画笔颜色设定为 ▮] 积木可以改变画笔的颜色，因此主要用于使用画笔绘制需要不同颜色的图案时。该积木的一些常见用法如下：

■ 使用 [将画笔颜色设定为 ▮] 不同的画笔颜色创建
不同的对象；

■ 选择画笔绘制对象的颜色。

2．相关积木

欲了解更多，请参考本书第 12.1.5 节的 [将画笔颜色设定为 0] 积木和第 12.1.10 节的 [将画笔颜色增加 10] 积木。

12.1.5 将画笔颜色设定为 [0]

将画笔颜色设定为 ⓪ 积木用于将画笔的颜色设置为使用参数选择的色调。画笔颜色值为 200 与画笔颜色值为 0 相同。换句话说就是，如果将画笔颜色值更改为 200，则颜色看起来仍然和原来的颜色相同。在不改变亮度的情况下，颜色卡 ████████████ 是此积木可访问到的所有可能的颜色。

1. 用例脚本

由于 将画笔颜色设定为 ⓪ 积木可以改变画笔的颜色，因此主要用于使用画笔绘制某些需要不同颜色的图案时。此积木的常见用法如下：

- 在绘画项目中选择所选颜色；
- 选择随机颜色。

2. 相关积木

欲了解更多，请参考本书第 12.1.4 节的 将画笔颜色设定为 积木和第 12.1.10 节的 将画笔颜色增加 ⑩ 积木。

12.1.6 将画笔亮度增加 [10]

将画笔亮度增加 ⑩ 积木用于将画笔的亮度增加指定的量。

1. 用例脚本

在艺术项目中，控制的画笔可能希望被更强或更轻地按压时，将画笔亮度增加 ⑩ 积木就可以发挥作用。它的一些常见用法如下：

- 在画笔被用于创造具有不同色调的艺术图案时，反复改变画笔的亮度；
- 在使用画笔绘制对象的项目中，更改对象的亮度。

- 改变绘画项目中的画笔亮度；

2. 相关积木

欲了解更多，请参考本书第 12.1.7 节的 `将画笔亮度设定为 50` 积木。

12.1.7 将画笔亮度设定为 [50]

`将画笔亮度设定为 50` 积木用于将画笔的阴影设置为指定的量。画笔亮度值为 200 与亮度值 0 的效果相同。换句话说就是，如果我们将画笔亮度值更改为 200，则亮度看起来和亮度值为 0 时相同。在不改变颜色的情况下，颜色卡 ▬▬▬▬▬ 是使用 `将画笔亮度设定为 50` 积木可得到的所有可能的亮度。

1. 用例脚本

在艺术类项目中，控制的画笔可能希望被更强或更轻地按压时，`将画笔亮度设定为 50` 积木就可以发挥作用。它的一些常见用法如下：

■ 在画笔被用于创造具有不同色调的艺术效果时，反复选择画笔亮度；

```
重复执行
    将画笔亮度设定为 在 1 到 100 间随机选一个数
```

■ 为绘画项目设置笔亮度；

```
询问 亮度多少? 并等待
将画笔亮度设定为 回答
```

■ 在使用画笔绘制对象的项目中，选择对象的亮度。

```
重复执行 200 次
    移动 1 步
    将画笔亮度设定为 在 1 到 100 间随机选一个数
```

2. 相关积木

欲了解更多，请参考本书第 12.1.6 节的 `将画笔亮度增加 10` 积木。

12.1.8 将画笔粗细增加 [1]

`将画笔粗细增加 1` 积木用于将画笔大小增加指定的量。

1. 用例脚本

该积木的一些常见用途如下：

■ 在画笔被用于创造有趣的艺术图案时，反复改变画笔的大小；

■ 更改绘画项目的画笔大小；

■ 在用画笔绘制对象的项目中，改变对象的大小。

2. 相关积木

欲了解更多，请参考本书第 12.1.9 节的 将画笔粗细设定为 1 积木。

12.1.9 将画笔粗细设定为 [1]

将画笔粗细设定为 1 积木用于将画笔的粗细设置为指定的量。

使用画笔画出一圈圆圈，圆的直径（以像素为单位）等于画笔的大小。在 Flash Player 中，0 是画笔的最小值，255 是画笔的最大值，如图 12.2 所示。

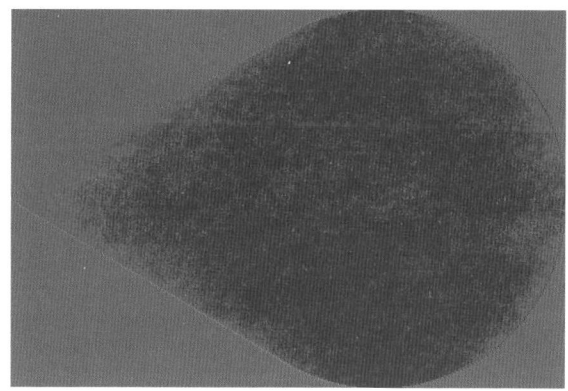

图 12.2　画笔大小

1. 用例脚本

在用户绘制艺术图案的项目中，可能希望选择画笔的大小，此时 将画笔粗细设定为 1 积木可以完成工作。该积木的一些常见用途如下：

- 在画笔被用于创造有趣的艺术图案时，反复改变画笔的大小；
- 更改绘画项目的画笔大小；
- 在用画笔绘制对象时，改变对象的大小。

2. 相关积木

欲了解更多，请参考本书第 12.1.8 节的 将画笔粗细增加 1 积木。

12.1.10 将画笔颜色增加 [10]

将画笔颜色增加 10 积木用于将画笔的颜色增加或减少指定的值。包含 200 个不同的颜色值（0 ~ 199，包括 0 和 199），颜色值 200 与颜色值 0 的效果相同。换句话说就是，将画笔颜色值由 200 改为 0，不会改变画笔的颜色。

1. 用例脚本

在使用画笔的项目中，画笔必须具有某种颜色（不允许透明）时，可以使用 将画笔颜色增加 10 积木。该积木的一些常见的用法如下：

■ 在角色移动的同时迭代画笔颜色值以创建多彩的颜色；

■ 在用画笔"绘制"对象的项目中，更改对象的颜色。

■ 改变艺术项目中的画笔颜色；

2. 相关积木

欲了解更多，请参考本书第 12.1.5 节的 将画笔颜色设定为 0 积木。

12.1.11　图章

图章 积木在脚本中使用时，角色将生成自身的位图图像，该图像印章显示在舞台上。图像无法编程，因为它不被视为角色。与其他画笔积木一样，图章积木不会压印在其他角色上。

Scratch 2.0 的新功能中，如果角色具有虚像（透明度）效果，则图章将保持该效果并透明地印在舞台上。所有角色的所有图章只有在使用 清空 积木的情况下才会被删除。

1. 用例脚本

"图章"积木是常用的，对许多项目至关重要，其常见用法如下：

■ 在屏幕上有一个角色的多个图像；

■ 覆盖部分舞台；

■ 创造效果；

■ 在"一个角色一个脚本"项目中创建多个角色运动的错觉；

■ 渲染一个随机的世界；

■ 在某些类型的绘图项目中使用。

12.2 编程挑战——马良的神笔

12.2.1 项目简介

项目名：马良的神笔。

有个爱画画的孩子叫马良。他有一支神笔，用这支神笔画的东西都会变成真的。正义和善良的马良用这支笔帮助了很多身处苦难中的老百姓。

如果你有这支笔准备画什么呢？

本例效果如图 12.3 所示。

读者可以结合配书资源中的案例制作视频完成本项目，也可以观看配书资源中的案例运行效果视频。

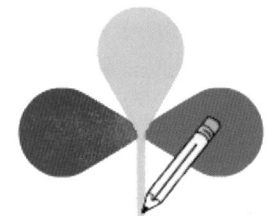

图 12.3　马良的神笔

12.2.2 操作说明

本例操作说明如下：

- 按"空格"键开始画画；
- 按 C 键清空屏幕；
- 按 A 键增加画笔大小；
- 按 D 键减小画笔大小；
- 按 W 键切换画笔造型；
- 在颜料盘中，单击相应颜色，更改画笔颜色。

12.2.3 编程指导

马良的神笔项目主要介绍了如何运用画笔类积木通过一个角色进行鼠标绘画。下面的一段项目脚本中使用一个跟随鼠标光标移动的角色，创造了鼠标作画的效果。

其中：

是用来排除"鼠标选取颜色"这一种情况的。

12.2.4　改编建议

有如下 4 个改编建议：

- 为了使项目效果看起来是鼠标绘图而不是角色在绘图，可以尝试将角色的透明效果设置为 100 或隐藏角色（也可以将角色留空，这样就不必做这些事了）；
- 在调色盘中，添加更多的分色盒；
- 给"神笔"角色添加其他的造型；
- 给"神笔"创造随机的颜色，以创造更丰富的绘画效果。

12.3　本章小结

画笔是 Scratch 中的一项功能，它允许角色使用画笔积木在屏幕上绘制各种形状和彩色图像等。

线条、圆点、矩形和圆形是最容易绘制的形状，只要有足够的脚本，就可以创建任何形状。画笔积木通常用于：

- 制作蛇式游戏；
- 在角色后面做一个轨迹；
- 动画；

- 在"一个角色一个脚本"项目中绘制对象；
- 绘图模式；
- 创建图表；
- 程序图形编辑器；
- 3D 项目；
- 文字渲染。

Scratch 2.0 中共有以下 11 个矩形画笔积木：

- 清空——删除屏幕上的所有画笔标记；
- 图章——在屏幕上显示角色的图像，可以使用 清空 积木删除；
- 落笔——将角色的画笔放下；
- 抬笔——将角色的画笔抬起；
- 将画笔颜色设定为 （颜色选择器）——将画笔颜色设置为图片上显示的指定颜色；
- 将画笔颜色增加 10 ——更改画笔颜色的数量；
- 将画笔颜色设定为 0 （数字）——将画笔颜色设置为数量；
- 将画笔亮度增加 10 ——更改画笔亮度值；
- 将画笔亮度设定为 50 ——将画笔亮度设置为指定值；
- 将画笔粗细增加 1 ——更改画笔的粗细；
- 将画笔粗细设定为 1 ——将画笔粗细设置为指定值。

第13章

更多积木

自定义积木允许用户制作自己的编程积木。使用自定义积木，可以将类似的脚本压缩为一个可重复使用的积木。在其他编程语言中，自定义积木被称为"过程""函数"或"方法"。该积木对于在程序的不同部分中重复使用同一段积木非常有用。使用自定义积木可以避免在每次使用时复制积木，从而提高效率，也能让程序变得简洁而清晰。

13.1　Scratch 中的自定义积木

自定义积木可在"更多积木"选项面板中找到。以下是"跳 [1] 步"积木的示例，如图 13.1 所示。

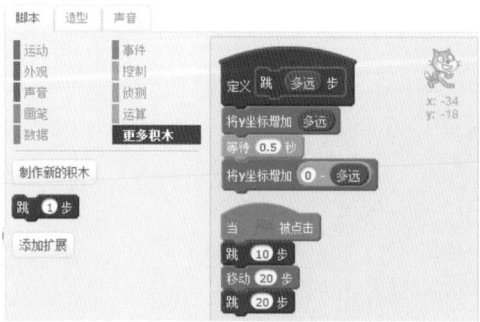

图 13.1　跳 [1] 步

自定义积木面板从空开始（即没有现成的积木），仅显示"制作新的积木"按钮（类似于数据面板中的"建立一个变量/列表"按钮），如图 13.2 所示。对于每个定义积木，无论是通过制作积木按钮，还是从背包或其他角色中拖入，面板中都会显示自定义积木。自定义积木仅适用于具有定义积木的角色。

自定义积木只能是矩形积木，不能是圆角矩形或六边形。它们支

图 13.2　更多积木面板初始状态

持递归，因此积木可以自己调用（这不会阻止当前积木的执行，与广播不同），这允许我们可以创建分形和查找数字的阶乘等内容。

13.2 创建自定义积木

要创建自定义积木，可打开"更多积木"类别，然后单击"制作新的积木"按钮，将打开一个新建积木编辑菜单，可以在其中命名自定义积木，如图 13.3 所示。

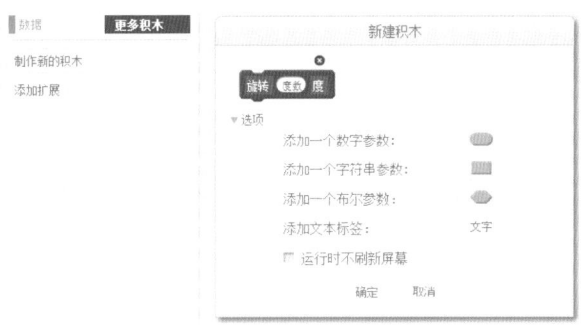

图 13.3 "新建积木"编辑菜单

通过"选项"下拉列表，可以向积木中添加字符串、数字和布尔输入。还可以向积木中添加更多的标签文本，或使其在没有屏幕刷新的情况下运行。

命名和添加参数后将创建一个 定义[自定义积木名] 积木，如 定义 右转 度数 度 积木。稍后可以通过右击积木、自定义积木本身或 定义[自定义积木名] 积木，然后选择"编辑"来更改自定义积木的设置。我们可以通过将其他积木拖曳到定义 [自定义积木名] 积木下方，来定义自定义积木的功能，如图 13.4 所示。

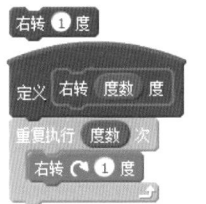

图 13.4 定义右转 [度数] 度

注意： 自定义积木被创建后，仅适用于创建它的角色。要在另一个角色中使用自定义积木，必须在该角色中再次创建自定义积木。

以下是自定义积木的应用示例。（示例教学视频和运行效果见配书资源）

■ 跳跃；

■ 画笔项目；

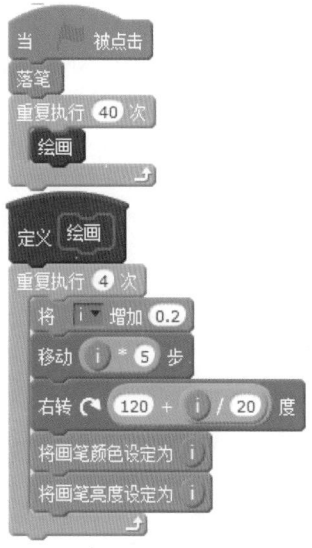

■ 使角色在视觉上指向方向"A"但向"B"方向移动；

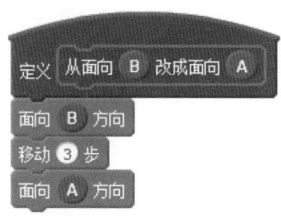

■ 当布尔值为 true 时，如果积木被置于永久循环中，则脚本将被激活；

■ 创建分形（不再举例）；
■ 3D 引擎（不再举例）。

13.3 定义 [自定义积木名]

定义 [自定义积木名] 积木是 Scratch 2.0 中引入的一个积木，具有独特的鸭舌帽形状，属于"更多积木"类别，用于定义自定义积木 **[自定义积木名]**。此积木在 Scratch 中是比较独特的一个积木，在面板中是找不到的，但右击此积木时会有"编辑"菜单。每当新的自定义积木出现在当前角色的脚本区域时，或者选择了舞台的脚本区域，则会创建一个定义积木。仅当项目中没有关联的自定义积木实例时，才允许删除定义积木。

定义 [自定义积木名] 积木的每个实例都会创建 **[自定义积木名]** 积木的实例。

13.3.1　用例

以下是 定义 [自定义积木名] 积木的应用示例。（示例教学视频和运行效果见配书资源）

■ 定义一个自定义积木；

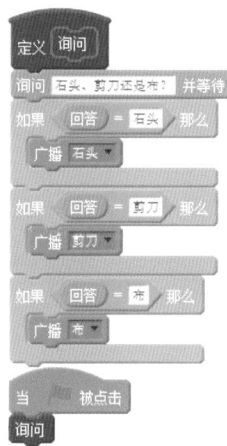

■ 在复杂的程序中提高程序的可读性和重用性；

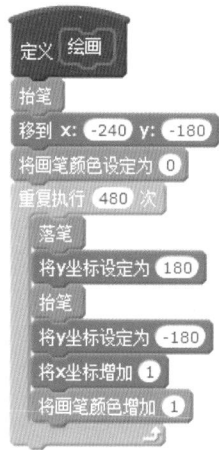

■ 递归；

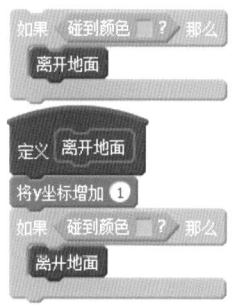

■ 加速复杂的脚本（例如画笔）。

运行一个积木时选择"运行时不刷新"可以使其程序运行得更快。

13.3.2　自定义积木的编辑菜单

数字、字符串和变量可以作为参数插入到自定义积木的 [自定义积木名] 中。

1. 数字参数

添加一个数字参数时，只需单击相应的按钮，并给数字参数起个名字，输入到自定义积木的【自定义积木名】中，以便在运行时轻松地自定义脚本。例如，可以用"高度"作为数字参数名称来制作"跳跃（高度）像素"【跳跃 40 像素】积木。【高度】可以放入积木的定义中，并且数字将呈现为圆角矩形定义积木中的输入数字。

例如，请看以下脚本：

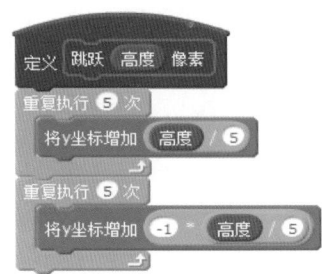

可以看到，自定义积木看起来像右边的积木【跳跃 40 像素】。

无论在"高度"数字输入框（圆角矩形）中输入什么数字，【高度】都将在脚本中报告该数值。例如，在【高度】数字输入框（圆角矩形）中输入"40"，然后运行【跳跃 40 像素】积木，则任何包含定义积木的脚本中，【高度】都将报告"40"。

> **注意：**"高度"实际上并不是输入的数字，而是数字参数的名称。

2. 字符串参数

字符串也可以作为参数插入到自定义积木中。在"新建积木"选项中，单击"添加一个字符串参数"按钮，并输入相应的参数名，就可以在自定义积木中创建字符串参数了。输入到自定义积木中的字符串，将在运行时呈现出来，这些输入的字符串位于定义脚本中。以下是一个例子：

以上是一个自定义积木，用于在按空格键之前说出消息，然后停止说出消息。最底层的 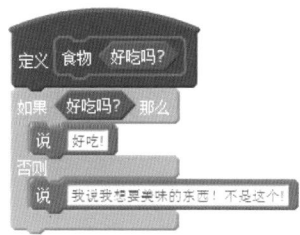 说 直到按下空格 积木是实际的自定义积木本身。无论在字符输入框（矩形框）中输入什么字符串，都将象征性地替换上面定义脚本中的 字符串。例如，如果输入一个"Hello there！"则进入自定义积木，在自定义积木的定义脚本中， 字符串 是该积木在积木运行时显示的"Hello there！"。

3. 布尔参数

布尔输入是另一种输入类型。布尔输入允许将布尔积木（六边形）放在其内部。放置在输入中的布尔积木的值将用于定义其内积木的所有实例。以下是一个例子：

有时需要将 true 或 false 的布尔值特别传递到自定义积木中。

■ 不设置布尔值（留空）时会使输入为 false；（不再举例）

■ 使用 不成立 积木，将使输入为 true。（不再举例）

4. 运行时不刷新屏幕

屏幕刷新指转移到脚本中的下一帧。在脚本中，每个积木之间有一个细微的等待。如果选中自定义积木"编辑"菜单中的复选框，则该积木将在没有屏幕刷新的情况下运行。这意味着该积木将在瞬间运行，并且在任何积木之间都没有等待。当使用非常长的脚本解决大型数学运算时，这会很有用。选择此选项的积木正在执行时，声音可能会失真。

13.4 本章小结

自定义积木在编程时很有用，例如：

■ 减少了项目文件空间；

■ 运行没有屏幕刷新的脚本；

■ 脚本的优化，而不是通过次要编辑复制大型脚本。

自定义积木允许将数字、字符串和布尔输入插入到定义和标题中，可以在矩形积木中编辑输入。例如，如果在自定义积木的定义中插入了数字输入，则可以运行自定义过程，将任意数字输入到自定义矩形积木中，并且该数字将呈现为定义中的所有数字输入。这种简单的输入插入方法允许项目执行大型可自定义脚本，而无须复制脚本和编辑大量积木，从而避免浪费文件空间。使用这个积木是因为，如果

有大量的脚本，并且需要多次重复它们时，那么更多积木可以节省时间。此外，还有一个名为"无屏幕刷新运行"按钮，可用于更快地完成任务。

使用自定义积木是在没有屏幕刷新的情况下运行脚本的唯一方法。屏幕刷新是脚本中每个积木之间非常微小的等待。创建自定义积木的标题时，有一个带有输入插入的编辑菜单，还有一个允许禁用屏幕刷新的复选框。默认情况下，该复选框已启用。当选中该复选框并且自定义积木运行时，它将立即执行，这对于在项目中设置特定场景或执行大型数学计算（例如，在具有人工智能的游戏中）时是有益的。

Scratch 2.0 中可以创建类似于下面可编辑的鸭舌帽自定义积木和矩形自定义积木：

- 定义【自定义积木名】——定义自定义积木；

- 【自定义积木名】——自定义积木。

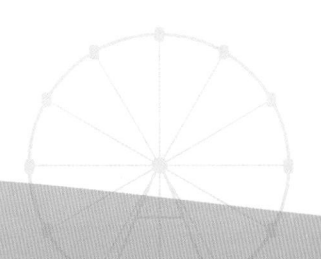